EuroNatur Reiseführer

# Tilos

## Schatzinsel in der Ägäis

**Annette Spangenberg & Stefan Heitmann**



unter Mitwirkung von:
Gabriele & Ulrich Scherf

Inhaltsverzeichnis




Naturraum
Kultur/Historie
Pflanzenwelt
Tierwelt
Schutz/Gefährdung
Reiseinfo

Inhaltsverzeichnis

Inhaltsverzeichnis

## Tilos auf einen Blick

**Lage:** Teil der Dodekanes-Gruppe, nördlich von Rhodos. Rund 30 km von der türkischen Küste entfernt.

**Größe:** 63 $km^2$

**Einwohner:** rund 500

**Anreisen:** Am einfachsten und schnellsten ist die Anreise nach Tilos über Rhodos. Von hier fahren vor allem im Sommer regelmäßig Schiffe nach Tilos. In den Wintermonaten (Oktober bis April) ist die Verbindung schlechter. Aktuelle Informationen zum Fährenfahrplan gibt es unter
www.tilos-travel.com/tilos_ferry_schedules.php
Alternativ zur Anreise mit dem Flugzeug über Rhodos kann man auch die (Auto-) Fähre von Piräus aus nehmen.

**Übernachten:** Hotel- und Privatzimmer, Apartments, buchbar nach der Ankunft am Hafen von Livadia. In der Hochsaison sowie außerhalb der Saison (vor Mai, nach Oktober) ist es ratsam, vor der Reise eine Unterkunft zu buchen.
Im Sommer Campingmöglichkeiten in der Bucht von Eristos gegen geringe Gebühr.

**Essen und Trinken:** Restaurants in allen Ortschaften der Insel (Livadia, Megalo Chorio, Eristos und Agios Antonios); „Supermärkte" in Livadia und Megalo Chorio; Bäcker nur in Livadia.

**Anschauen:** Haupthafen Livadia: Mit kleinen Geschäften, Hotels, Restaurants, Arzt und Polizeistation. Der Kiesstrand unterhalb der Promenade bietet immer wieder gute und leicht zugängliche Bademöglichkeiten.
Hauptort Megalo Chorio: Sitz der Inselverwaltung mit traditionellen Häusern und engen Gassen. Über einen steilen Pfad ist das Kastell des Ortes zu erreichen; von hier wunderschöner Blick über die Bucht von Agios Antonius und die sich daran anschließende Ebene.
Geisterdorf Mikro Chorio: Kurz nach Ende des Zweiten Weltkriegs aufgegeben.
Ebene von Eristos: Fruchtbarster und grünster Teil der Insel, läuft im größten Sandstrand der Insel aus.
Kloster des Heiligen Panteleimonas: Im 15. Jahrhundert am Rande eines Steilhanges im Nordosten der Insel Tilos gegründet.

**Informieren:** SKAI Map 340 Tilos. Terrain Cartography. Auf Tilos erhältlich.
www.tilos-greece.com
www.tilo-botanica.eu

## Zum Geleit

Griechenland besitzt über 100 bewohnte Inseln. Eine davon - mit Sicht auf die anatolische Küste - ist etwas ganz Besonderes. Sie umfasst nur 64 km² Oberfläche und hat ca. 500 Einwohner. Aber was ist das Besondere? Auf Tilos wird seit dem Jahre 1993 nicht mehr gejagt, und dies mit dem ausdrücklichen Willen der örtlichen Bevölkerung. Griechenlandkenner wissen vom generellen mediterranen Jagddruck: es wird buchstäblich auf alles geschossen, was sich bewegt. Aber auf Tilos laufen die Uhren nun anders. Der damalige Bürgermeister verstand es, mit Hilfe seiner „Important Bird Area", durch Integration in ein NATURA-2000-Gebiet und mittels eines LIFE-Projektes der Europäischen Union Unterstützung von internationaler Warte zu holen. Zudem spricht man seit einigen Jahren von einem Tilos Nature Park. Er wurde zwar wegen bürokratischen Hindernissen nie rechtlich verankert, lebt aber in den Köpfen der Bevölkerung. Und Tilos kennt wenig größere Bausünden. Man spürt den Gestaltungswillen der Inselverwaltung schon an der Hafeneinfahrt in Livadia, wo man bereits Informationen über die herrschenden Natur- und Kulturwerte erhält. Eine Tilos Park Association nimmt sich als NGO dieser wichtigen Aufgabe mit einem Informationszentrum an, und in den Hotels gibt es entsprechendes Informationsmaterial.

Tilos hat das gewisse Etwas. Man spürt eine Art Kreativität der Langsamkeit, die losgelöst von der Hektik des Alltags erscheint. Und das alles muss man sich als Besucher mit einer längeren Anreise „verdienen" - und das ist gut so. Dafür erlebt man dann eine gewisse Glaubwürdigkeit im täglichen Handeln, spürt die Bewahrung einer eigenen Identität, was Tilos von vielen anderen Mittelmeerinseln unterscheidet.

Für mich gipfelte diese Erkenntnis im Ausspruch eines Inselbewohners:
"I like this life, I come from the island".

Die Rahmenbedingungen für einen angepassten Natur- und Kulturtourismus scheinen für Tilos prädestiniert. Viel gibt es zu sehen und zu erleben auf der Insel – von verlassenen „Geisterdörfern", rund 200 Kirchen und Kapellen und den Knochenfunden von einem bernhardinergrossen Zwergelefanten, der noch in der Jungsteinzeit vor ca. 4.000 Jahren Menschen sah, bis hin zu wunderschönen Wanderwegen. Und dies alles in überschaubaren Dimensionen. Das sind entsprechend gute Voraussetzungen. Nun ist es nur wichtig, dass die Wertschöpfungskette auch zu Gunsten der Inselbevölkerung spielt. Die Nachfrage nach Öko-Tourismus ist gegeben, ist doch das internationale Bildungsbürgertum für solche Anliegen besonders empfänglich und auch durchaus bereit, hierfür seinen Obolus zu entrichten.

Der Knackpunkt bleibt, ob die kritische Masse von sensibilisierten und engagierten Inselbewohnern vorhanden bleibt, um mit geeignetem Management und Unternehmertum die bestehenden Ansätze fortzuentwickeln. Wir wissen, dass es in kleinen Einheiten immer wieder abwehrende soziale Erstarrungen gibt, die häufig wenig Neuerungen zulassen. Das braucht „Leadership", und diese ist kleinen Einheiten nicht immer gegeben. Das Projekt Nature Park Tilos startete mit dem Tandem eines versierten Park-Managers und eines unterstützenden Bürgermeisters erfolgreich. Die Schaffung des nötigen Kontinuums ist nun die Herausforderung. Insbesondere gilt es, für einen angepassten Tourismus die Brücke zwischen der Insel als Anbieter und den Bildungsbürgern aus Mittel- und Nordeuropa als potentieller Kundschaft zu erhalten. Die gegebene Tourismus-Infrastruktur ist ausreichend. Es braucht aber noch eine stete Information. Eine geeignete Tilos-Wanderkarte mit Informationen über die herrschenden Natur- und Kulturwerte existiert inzwischen. Der vorliegende Naturreiseführer ist eine weitere wertvolle Ergänzung.

Naturschutz und Tourismus waren zwei Begriffe, die sich lange Zeit und häufig eher feindselig gegenüberstanden. Dabei kann es ganz anders sein. Ein verantwortungsvolles Reisen schützt die Umwelt und gewährleistet das Wohl der lokalen Bevölkerung. Die Bevölkerung der Insel Tilos hat für ihr bisheriges Wirken im Jahre 2009 den EuroNatur-Umweltpreis auf Schloss Mainau im Bodensee erhalten. Mein Dank geht an EuroNatur für die stetigen Bemühungen, den eingeschlagenen Weg auch weiterhin zu unterstützen. Möge das Modell Tilos gedeihen. Möge seine Glaubwürdigkeit im Alltag bestehen und damit die Identität der Insel bei allen künftig anstehenden Entscheidungen bewahrt werden.

*Mario F. Broggi*

Mario Broggi ist ehemaliger Direktor des Eidgenössischen Forschungszentrums Wald, Schnee und Landschaft, Birmensdorf, Schweiz. Seit 1972 organisiert er alljährlich naturkundliche Exkursionen auf griechischen Inseln für die Botanisch-Zoologische Gesellschaft Liechtenstein-Sarganserland-Werdenberg Er war Laudator bei der Verleihung des EuroNatur-Umweltpreises an Tilos am 07. Oktober 2009 auf Schloss Mainau.

Bild: P. Schmenger

Mario Broggi

Bild: A. Spangenberg

# Vorstellung der Autoren

Bild: K. Grund

## Annette Spangenberg

Annette Spangenberg, Jahrgang 1976, ist seit 2002 als Projektleiterin für die EuroNatur Stiftung tätig. Dort ist sie unter anderem zuständig für die EuroNatur-Aktivitäten in Griechenland und für den Schutz der Mittelmeer-Mönchsrobbe, auch ist sie Teil des EuroNatur-Teams für die Erhaltung des „Grünen Bandes Balkan".

Im Rahmen verschiedener Arbeitsaufenthalte auf Tilos konnte Annette Spangenberg viel über die Insel und ihre Besonderheiten lernen und entwickelte bald den Wunsch, diese Informationen auch anderen zugänglich zu machen, um sie zu einer Reise nach Tilos zu motivieren.

## Stefan Heitmann

Stefan Heitmann, geboren 1950, ist Diplom Biologe. Bereits vor seiner Pensionierung als Lehrer setzte er sich seit Jahren ehrenamtlich für den Naturschutz in seiner Oberbergischen Heimat sowie in Europa ein.

Im Rahmen eines Sabbatjahres 2008/2009 ging er die Wanderwege von Tilos ab und beschrieb die Flora und Fauna entlang der Wege. So hat Stefan Heitmann wesentlich zur Erstellung des Tilos-Reiseführers beigetragen. Während seiner mehrmaligen Aufenthalte auf der kleinen Insel lernte er Tilos und seine Bewohner kennen und lieben. Besonders fasziniert hat ihn der außergewöhnliche Vogelreichtum auf der Grundlage intakter Lebensgemeinschaften.

Beide Autoren wollen mit dem vorliegenden Reiseführer etwas von ihrer eigenen Faszination für Tilos und ihrer Verbundenheit mit der Insel an die Leser weitergeben – und damit aktiv dazu beitragen, Tilos bekannter zu machen.

Bild: G. Sachse

# Einleitung

Auf den ersten Blick zeigt sich Tilos unscheinbar und gibt vor, nichts weiter als eine von vielen Ferieninseln in der Ägäis zu sein. Doch schon nach kurzer Zeit eröffnet sich dem Besucher eine wahre Schatzkiste: Auf Tilos findet sich nicht nur eine außergewöhnliche Vielfalt an seltenen Vogelarten, sondern auch die Flora birgt Kostbarkeiten wie etwa eine bunte Palette an Orchideen und Wildkräutern. Diese Vielfalt lässt sich über für südeuropäische Verhältnisse gut markierte Wanderwege hautnah erleben.

Aber auch die Einsamkeit und Ruhe, jenseits jeder Alltagshektik, lassen viele Besucher zu Wiederholungstätern werden und locken sie mehr als nur einmal zur „Schatzsuche" auf die Dodekanesinsel.

So kam es, dass wir bei den Recherchen zu diesem Reiseführer auf eine Vielzahl von Informationen zu Flora, Fauna, Geologie und Geschichte von Tilos gestoßen sind. Diese kompakt und verständlich zusammenzustellen, war uns ein großes Anliegen. Unser Dank gilt all jenen, auf deren Arbeiten wir bei der Erstellung des Reiseführers zurückgreifen konnten.

Tilos, seine Bewohner, seine Natur und seine Kultur üben eine große Faszination aus. Wir hoffen, etwas davon weitergeben zu können und somit beizutragen, die kleine Insel bekannter zu machen. Dieser Naturreiseführer soll Besucher für die Naturschätze von Tilos sensibilisieren und helfen, einen sanften Naturtourismus zu etablieren. Denn wenn der Erhalt der Natur den Inselbewohnern wirtschaftliche Perspektiven gibt, setzen auch sie sich auf lange Sicht für den Naturschutz ein. So kann Tilos die Schatzinsel in der Ägäis bleiben, die sie heute noch ist!

Bild: A. Spangenberg

Bild: A. Spangenberg

# Der Naturraum im Überblick

## Lage und Beschreibung der Insel

Die griechische Insel Tilos liegt in der südöstlichen Ägäis, nördlich von Rhodos. Das von seiner Form her entfernt an ein Seepferdchen erinnernde Tilos zählt zur Gruppe der Dodekanes-Inseln. Diese Inselreihe erstreckt sich in der Südost-Ägäis südlich der Inseln Samos und Ikaria, beginnend mit der Insel Patmos, parallel zur Südwestküste der Türkei in Richtung Süden. Rhodos, die Hauptinsel der Dodekanes, schließt die rund 160 km lange Inselkette im Südosten ab. Die Insel Kos, teils zwischen den Spitzen der heute zum türkischen Festland gehörenden Halbinseln Halikarnassos und Knidos gelegen, unterteilt die Hauptreihe der Dodekanes in einen nördlichen und einen südlichen Teil. Die Inseln Patmos, Agathonisi, Arkoi, Lepsoi, Leros, Kalymnos, Telendos und Pserimos gehören zum nördlichen Teil, während der südliche Teil aus Nisyros, Tilos, Symi, Chalki und Rhodos besteht. Weitere Inseln der Dodekanes sind die Inseln Astypalaia, Kasos, Karpathos (westlich der Hauptkette gelegen) und Kastellorizo (südöstlich von Rhodos vor der türkischen Küste).

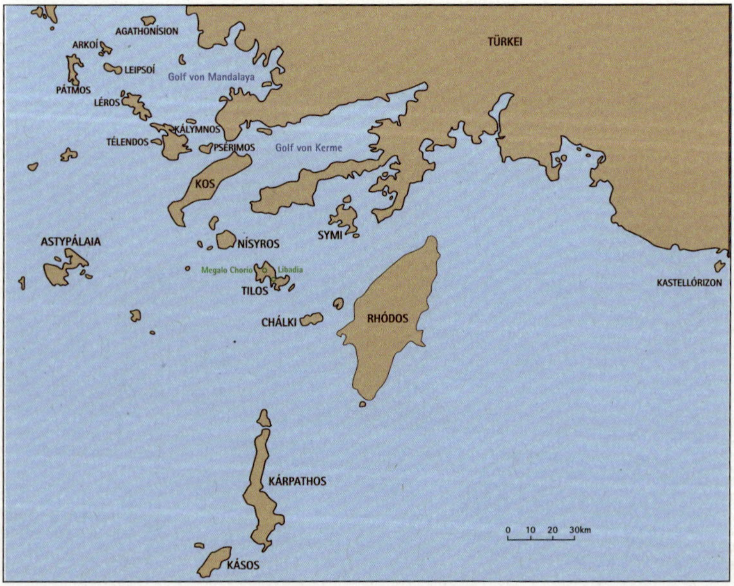


Karte: Kerstin Sauer / nach Schroeder Reiseführer 1985

Die Dodekanes – deutsch auch „Zwölffinger-Gruppe" genannt – besteht aus insgesamt 18 dauerhaft bewohnten Inseln (nicht 12, wie der Name impliziert). Hinzu kommen zahlreiche unbewohnte Felseninseln und Klippen. Insgesamt umfassen die zur Dodekanes gehörenden Inseln eine Landfläche von 2.705 km². Allein die Hauptinsel Rhodos nimmt davon mit etwa 1.400 km² etwas mehr als die Hälfte ein.

Rund 190.000 Menschen (Stand 2010)[1] leben im Nomos (wie die größte griechische Verwaltungseinheit bezeichnet wird) Dodekanes. Auch bevölkerungsmäßig nimmt Rhodos hier eine Spitzenposition ein: mit rund 115.000 Bewohnern ist es die am dichtesten bevölkerte Insel der „Zwölffinger-Gruppe".

[1] Die Einwohnerzahlen stammen aus einer Broschüre des griechischen Innenministeriums vom Mai 2010 anlässlich der Verwaltungsreform nach dem ‚Kallikratis Gesetz': Elliniki Dimokratia, Ypourgeio Esoterikon, Apokendrosis ke Ilektronikis Diakyvernisis: „Programma Kallikratis" Systasi, syngrotisi Dimon, Periferion ke Apokendromenon Diikiseon gia ti Nea Architektoniki tis Aftodiikisis ke tis Apokendromenis Diikisis, Athen 2010.)

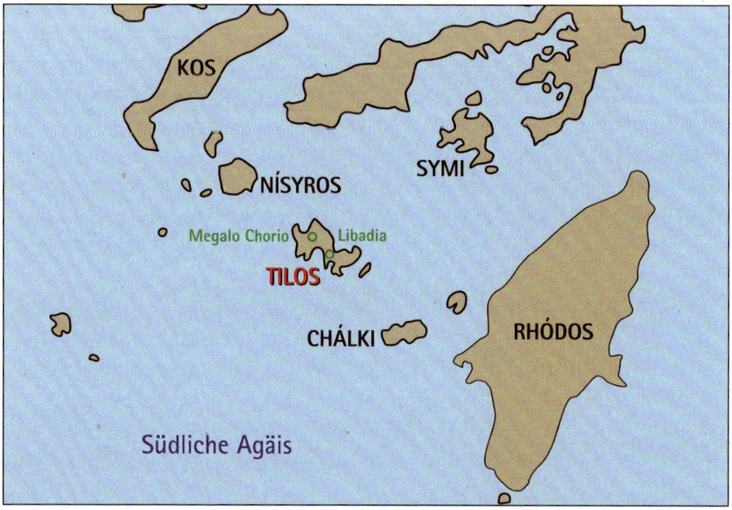


Karte: K. Sauer

Lage von Tilos.

Naturraum

**Eine Inselgruppe – viele Namen**

Der Name „Dodekanisos" kam zunächst im 8. Jahrhundert n. Chr. als eine byzantinische Verwaltungsbezeichnung für einen bestimmten Kreis von Ägäisinseln zur Anwendung. Später wurden dann weitere Inseln hinzugerechnet. Unter türkischer Herrschaft hieß die Inselgruppe „Südliche Sporaden", aber ab 1909 bürgerte sich die Bezeichnung „Dodekanisos" wieder ein. Zwischen 1912 und 1947 wurde die Inselgruppe dann von den Italienern besetzt und als italienische Ägäis-Inseln (Isole Italiane dell'Egeo), auch Italienischer Dodekanes genannt, italienisches Staatsgebiet.

Die Insel Tilos gehört zum südlichen Teil der Dodekanes und liegt nordwestlich von Rhodos, etwa 30 km von der türkischen Küste entfernt, die bei klarem Wetter gut zu sehen ist. Lebten laut Statistik im Jahr 2001 nur 255 Menschen auf Tilos, so sind es heute über 500. Grund für den Bevölkerungsanstieg ist die Rückkehr vieler verwandtschaftlich mit Tilos verbundenen „Tilioten", seit bessere Infrastrukturen wie z.B. Straßen und Schulen auf der Insel geschaffen wurden. Hinzu kommt eine Vielzahl von Gastarbeitern aus Albanien, Bulgarien und der Ukraine, die hier Arbeit im Bau- und Tourismusgewerbe und oft auch eine neue Heimat gefunden haben. Als Urlaubsziel haben insbesondere Deutsche und Briten die Insel entdeckt; einige besitzen inzwischen ein eigenes Haus auf Tilos und leben teilweise dauerhaft dort.

Bild: G. Sachse

Wenngleich vom Meer umgeben, hat die Fischerei auf Tilos nie eine große Rolle gespielt. Auch heute gibt es nur drei Familien, die Fischerei betreiben. Als Haupteinkommensquelle diente seit jeher die Landwirtschaft. Inzwischen aber leben die meisten Bewohner der Insel direkt oder indirekt vom Tourismus. Die meisten Nahrungsmittel müssen daher mit dem Schiff (meist von Rhodos) nach Tilos gebracht werden, was den zum Teil erstaunlich hohen Preis einiger Produkte erklärt. Das ist sicher auch der Grund für viele Inselbewohner, in ihren Gärten Gemüse und Früchte (vor allem Zitrusfrüchte) für den Eigenbedarf anzubauen. Nicht selten mästen Familien auch ein Hausschwein.

**Landwirtschaft heute**

Wegen der schlechten verkehrstechnischen Anbindung waren die Bewohner von Tilos früher auf Selbstversorgung mit Nahrungsmitteln angewiesen. Noch heute deuten die allgegenwärtigen Mauern und Terrassen auf lange Zeiten landwirtschaftlicher Nutzung hin. Auf einigen der Terrassen findet man noch immer Oliven- und Mandelbäume. Außerdem wurden hier Zitrusfrüchte und Gemüse angebaut und in den fruchtbaren Küstenebenen wie Eristos, Plaka und Lethra Getreide, worauf die kreisrunden Dreschplätze bei Lethra oder die Getreidemühle bei Agios Antonios hindeuten.

Hinweise auf die landwirtschaftliche Nutzung der Insel finden sich auch in einem Reisebericht, den Friedrich von Vincenz nach einem Besuch auf Tilos im Jahre 1900 verfasste[2]. Hier heißt es:

*„Die beiden Thäler zeugen von einer sehr tiefgehenden Bodenkultur, bei der auch das kleinste benutzbare Fleckchen nicht vergessen wurde. Gerste, Feigen, Mandeln und Nüsse sind die Hauptkulturen, dazwischen Ölbäume, Aprikosen und Pfirsiche. Gerste und Oliven dienen dem Hausbedarfe für Brot und Öl, während in Mandeln und Nüssen eine kleine Ausfuhr besteht."*

[2] Quelle: Ein Besuch auf der Insel Telos, Globus, Jan. 1900, aus „GLOBUS" Illustrierte Zeitschrift für Länder- und Völkerkunde, Herausgeber: Richard Andree. Band 77, Druck und Verlag Friedrich Vieweg und Sohn 1900; von http://www.tilos-greece.com/index.php?option=com_content&view=article&id=75&Itemid=101

Mit einer besseren Anbindung von Tilos an andere, größere Inseln sowie dem „großen Exodus" nach dem Zweiten Weltkrieg wurde die Terrassenwirtschaft jedoch immer mehr aufgegeben. Heute liegen viele Terrassen brach und die Mauern verfallen.

Landwirtschaft wird vor allem noch in der fruchtbaren Ebene von Eristos betrieben. Dort baut man u.a. Tomaten, Gurken und Romanasalat an. Die größte Bedeutung aber haben Zitrusfrüchte wie Zitronen und Orangen, die nach der Ernte auf der Platia (Hauptplatz) von Livadia angeboten werden. Im Sommer kommen Wasser- und Honigmelonen dazu. Weitere Produkte sind Zwiebeln und Artischocken.

Da das Angebot an landwirtschaftlichen Produkten auf Tilos jedoch beschränkt ist, hat nahezu jeder Bewohner seinen eigenen Garten, in dem Gemüse für den Eigenbedarf angebaut wird. In den Innenhöfen und Vorgärten der Häuser stehen Zitronen- und Orangenbäume. Im Frühjahr fallen die kleinen, orangenen Früchte des Mousmoula-Baums (Japanische Wollmispel, Eriobotrya japonica) auf, die roh verzehrt werden können.

Wenngleich man überall auf der Insel die Überreste von Olivenpressen findet, werden die geernteten Oliven heute nach Rhodos gebracht und dort gepresst. Das Öl wird jedoch nicht verkauft, sondern ausschließlich privat verwendet. Auch Mandeln, die man noch erntet, kommen nicht auf den Markt, sondern werden von den tiliotischen Frauen zu Gebäck verarbeitet. Eine besondere Spezialität mit Mandeln ist die in Griechenland und auch auf Tilos allgegenwärtige Skordalia, eine Knoblauchsoße, die häufig mit geriebenen Mandeln verfeinert wird. Früher wurden die Mandeln auch zur Herstellung von Mandelmilch und Mandelschnaps verwendet.

Die große Anzahl an würzigen Kräutern, die auf Tilos wachsen (z.B. Salbei, Thymian, Wilder Majoran), ergeben einen sehr kräftig schmeckenden Honig. Allerdings ist es einfacher, die bunten Bienenkästen in der Landschaft zu entdecken, als das Endprodukt selber: meist steht der Honig im Supermarkt einfach nur in schlichten Gläsern ohne Etikett in der Nähe der Kasse und man erhält ihn auf Nachfrage. Wer von dem Angebot nichts weiß, wird kaum darauf aufmerksam. Ein besseres Marketing des hochwertigen Produkts wäre sicher sinnvoll.

Die allgegenwärtigen Ziegen dienen heute fast ausschließlich als Fleischlieferanten; an hohen Fest- und Feiertagen wie zum Beispiel Ostern werden sie in großen Mengen geschlachtet. Noch vor rund 15 Jahren hielt fast jeder Tiliote seine eigene Milchziege und auch die Fleischziegen wurden im Frühjahr, wenn sie Zicklein hatten, gemolken. In Ermangelung moderner Melkanlagen klemmten sich die Hirten dazu die Ziegen zwischen die Beine, molken mit der Hand und fingen die Milch in großen Tontöpfen, die in den Boden eingegraben waren, auf. Danach wurde die Milch über dem offenen Feuer aufgekocht, mit Lab aus dem Ziegenmagen versetzt und mit Meersalz gewürzt. Neben Frischkäse (Misitra) wurde Ziegenfeta hergestellt und zur besseren Haltbarkeit in Lake gelagert. Da sich der Käse aber bei der Bevölkerung großer Beliebtheit erfreute und nie große Mengen auf den Markt kamen, war er immer schnell verkauft.

Leider kommt der Besucher heute nicht mehr in den Genuss des leckeren Ziegenkäses, der allenfalls noch für den Hausgebrauch produziert wird, denn die wenigen verbliebenen Ziegenhirten haben das mühsame Geschäft aufgegeben und leben nur noch vom Verkauf des Fleisches. Aufgrund des stark gefallenen Preises für Ziegenfleisch und –felle ist die Anzahl der Ziegen – ebenso wie die der Ziegenhirten - in den letzten Jahren stark zurückgegangen (siehe dazu auch Kapitel 5). In einigen Restaurants auf Tilos bekommt man immerhin noch ein traditionelles Gericht aus in Zitronensoße geschmortem Ziegenfleisch.

Bild: K. Grund

Bild: K. Grund

Spuren der landwirtschaftlichen Nutzung:
Aufgelassene Terrassen, ungenutzte Oliven und Pistazienbäume.

## Geologie

Aufgrund der geringen Größe von Tilos ist das Meer allgegenwärtig und von nahezu überall aus sichtbar. Der folgende Abschnitt soll sich daher kurz der Entstehung dieses bedeutenden Gewässers widmen.

Die Gestalt des Mittelmeeres, so wie es sich heute darstellt, ist mit nur etwa 5,3 Millionen Jahren erdgeschichtlich gesehen jung. Das soll aber nicht darüber hinwegtäuschen, dass die stark gegliederte und wie aus Puzzlebausteinen zusammengesetzte Topographie des Mittelmeerraumes mit den vielen Gebirgszügen rund um das mediterrane Becken eine Folge komplexer tektonischer Vorgänge ist. Im Allgemeinen wird davon gesprochen, dass das Mittelmeer ein Überbleibsel des Urmeeres Tethys ist, das einmal nahezu die gesamte Erdoberfläche bedeckte. Die genaue Rekonstruktion der geologischen Entstehungsgeschichte und die Interpretation der Sedimentabfolge werden jedoch durch eine Vielzahl geologischer Bewegungen erschwert. Sedimentstapel wurden durch Druckkräfte aufeinanderprallender Kontinentalplatten chaotisch durcheinander geschoben, was zu einer Vermischung der unterschiedlichsten Gesteinstypen führte. Auch an steilen Abhängen abgerutschte Brocken und das Material untermeerischer Rutschungen können oft nur schwer zugeordnet werden.

Klar ist aber, dass an der Entstehung des Mittelmeers vor allem die Bewegungen der Afrikanischen und Eurasischen Kontinentalplatten maßgeblich beteiligt waren. Durch deren „Aufeinanderrücken", bei dem die Afrikanische Platte nach Norden in Richtung Eurasien wanderte, verkleinerte sich das Urmeer Tethys. Der Meeresbereich zwischen Europa, Afrika und Asien schloss sich langsam, bis nur noch das heutige Mittelmeer übrig blieb. Die Bewegungen der Kontinentalplatten lösten zudem eine Rotationsbewegung von sogenannten Mikrokontinenten oder mikrotektonischen Platten - kleineren Krustenblöcken, die sich von den großen kontinentalen Blöcken abgetrennt hatten - aus. Diese Verschiebungen wiederum führten zum Entstehen von Gebirgszügen, Meeresbecken, Tiefseegräben und Inselketten, wie wir sie heute kennen.

Das Mittelmeer bildet kein homogenes Ganzes, sondern besteht aus einzelnen Teilbereichen, sogenannten Becken. Sie sind durch Meerengen, Inselketten oder untermeerische Schwellen voneinander getrennt und unterscheiden sich sowohl geologisch, in ihrer Entwicklungsgeschichte als auch ozeanographisch und in weiterer Folge zum Teil auch biogeographisch.

So ist das Mittelmeer durch das Sizilianische Schelf in ein West- und ein Ostbecken unterteilt. Beide Becken bestehen wiederum aus weiteren kleineren Becken. Der westliche Teil des Mittelmeeres setzt sich aus dem Alboranischen, Algerischen, Balearischen und Tyrrhenischen Becken zusammen, das Ostbecken gliedert sich in Adriatisches, Ionisches, Ägäisches und Levantinisches Becken sowie in das Kreta-Becken.

Das erdgeschichtlich ältere östliche Mittelmeer, in dem auch Tilos liegt, verdankt seine Formung dem gewaltigen Druck, der durch das Aufrücken der Afrikanischen auf die Eurasische Platte zustande gekommen ist. Das jüngere westliche Mittelmeer hingegen ist in der Folge von Dehnungsprozessen entstanden.

Die Inselgruppe der Dodekanes und damit auch Tilos liegen im Ägäischen Meer, das durch Kreta und den Hellenischen Inselbogen vom Levantischen bzw. Ionischen Meer getrennt ist. Das Ägäische Meer ist ca. 700 km lang, 340 km breit und hat eine Fläche von etwa 215.000 $km^2$.

Die Ägäis ist ein junges Meer. Noch in der mittleren Tertiärzeit war Kleinasien mit der Balkanhalbinsel durch ein Faltengebirge verbunden. In der jüngeren Tertiärzeit fanden durch Brüche, Zertrümmerungen und andere tektonische Vorgänge Verschiebungen statt, die dieses Faltengebirge wesentlich umgestalteten. Seit dem Miozän (vor 23,03 bis 5,332 Millionen Jahren), vor allem aber im Pliozän (vor 5,332 bis 2,588 Millionen Jahren), sank das Gebirgsland ab, wobei Einbrüche und Erosionstäler vom Meer überschwemmt oder von Binnenseen überspült wurden. Im jüngeren Pliozän fand eine erneute Hebung statt, die weitere Veränderungen erzeugte. Im Pleistozän schließlich erfolgte ein allgemeines Absinken des nunmehr durch wechselndes Heben und Senken völlig zertrümmerten Rumpfgebirges. Dadurch überschwemmte das Meer große Teile des Rumpfgebirges; Einbrüche und Erosionstäler wurden zu Golfen, Buchten und Meerengen, die Höhen zu Halbinseln und Inseln. So sind die heutigen Inseln im Ägäischen Meer also die Gipfel des versunkenen Faltengebirges, das einst Kleinasien mit der Balkanhalbinsel verband. Daraus erklärt sich auch, warum die meisten Inseln in der Ägäis keine Tiefseeinseln sind, sondern in Schwärmen und Reihen auf unterseeischen Plateaus und Schelfsockeln sitzen. Die meisten Inseln der Dodekanes und auch der Kykladen sitzen auf einem gemeinsamen Sockel. Dieser besteht aus paläozoischen Gneisen, Graniten und Kalken (Marmor). Drei Viertel der Oberfläche sind gebirgig, allerdings handelt es sich weitgehend um sanfte, abgerundete Formen, welche die meisten Inseln als Reste alter Rumpfflächen ausweisen.

Aufgliederung des Mittelmeers in seine verschiedenen Becken.

Karte: K. Sauer

Das Sizilianische Schelf teilt das Mittelmeer in ein westliches und ein östliches Becken. Diese setzen sich wiederum aus kleineren Becken zusammen.

KROATIEN
RUMÄNIEN
UKRAINE
BOSNIEN-
HERZEGOWINA
SERBIEN
SCHWARZES MEER
MONTE-
NEGRO
KOSOVO
BULGARIEN
Meer
MAZEDONIEN
ALBANIEN
Marmara
Meer
GRIECHENLAND
Ionische Inseln
Ägäis
TÜRKEI
Ionisches Meer
Sporaden
Ionisches Becken
Kykladen
Rhodos
Kreta-Becken
Kreta
ZYPERN
SYRIEN
MITTELMEER
LIBANON
Mittelmeer Rücken
Levantinisches Becken
ISRAEL
LIBYEN
ÄGYPTEN

## Geologie von Tilos

Auf Tilos herrschen zwei Hauptgesteinsgruppen vor. Die ältere Gruppe (zwischen 240 und 65 Millionen Jahre alt) besteht aus Sedimentgesteinen, die zweite, jüngere Gruppe ist den Eruptivgesteinen, die vulkanischen Ursprungs sind, zuzuordnen. Ihr Alter liegt bei etwa 150.000 bzw. zwischen 25.000 und 50.000 Jahren.

**Sedimentgesteine**

Mehr als 75 % der Inseloberfläche einschließlich der meisten Gipfel und Höhenzüge besteht aus zerklüftetem Kalkgestein, das aus Kalzium- und Magnesiumkarbonat zusammengesetzt ist. In diesem hellen Gestein sind zum Teil cremefarbige bis hellbraune runde Einschlüsse oder Schichten zu finden. Diese bestehen aus Hornstein, einem sauren Silikatgestein.

Sowohl Kalkstein als auch Hornstein sind aus biogenen Ablagerungen (also von Lebewesen stammenden Ablagerungen) am Grund des Urmeeres Tethys entstanden. Dabei ist jedoch das Ausgangsmaterial unterschiedlich. Eine ständig wachsende Schicht aus abgestorbenem Plankton, Korallen, Schalentieren und weiteren Kleinlebewesen, die auf den Meeresboden absanken, erhöhte zunehmend ihr Gewicht und damit auch den Druck auf die unteren Schichten, so dass schließlich eine Versteinerung einsetzte und sich Kalkstein bildete. Der Prozess bei der Entstehung von Hornstein ist ähnlich; allerdings bildete sich hier das Gestein aus abgestorbenen Kieselalgen, Schwämmen und Strahlentierchen, deren Skelette kieselsäure- (= silikat-)haltig sind.

In einigen Bereichen von Tilos finden sich auch reine Hornsteinablagerungen ohne Kalksteinvermischung. Dann sind die Farben kräftiger, beispielsweise rot, graugrün oder dunkelgrau. Auch ist dieses Gestein bröckeliger. Reine Hornsteinablagerungen sind an Geländekanten, die bei Abtragungen für den Bau von Straßen entstanden sind, gut zu sehen – so etwa an der Straße zur neuen Müllkippe bei Chita oder auf der Fahrt zum Kloster Agios Panteleimonas.

Weniger häufig sind auf Tilos sogenannte klastische Sedimentgesteine, die durch mechanische Zerstörung anderer Gesteine entstanden sind. Sie werden daher auch Trümmergestein genannt und sind aus Schlamm, Sand und Kieselsteinen zusammengesetzt, die aus anderen Gesteinen erodiert sind. Solche Trümmergesteine treten auf Tilos vor allem an den Enden trockener Spülrinnen oder an den Stränden als Sand, Kiesel oder Felsblöcke zu Tage. Ein weiteres Beispiel für ein klastisches Sedimentgestein ist das Geröll, das an steileren Hängen zu finden ist.

Klastisches Sedimentgestein entsteht durch physikalische Verwitterung. Bedingt durch Temperaturschwankungen, Regen und Frost erodiert das Ursprungsgestein und „produziert" kleinere Trümmer, die dann hangabwärts rollen, bis sie Geröllfelder bilden oder Spülrinnen auffüllen. Ähnlich wie bei den biogenen Sedimenten kommt es auch bei den klastischen Sedimenten durch Druck zu einer „Versteinerung" der einzelnen Partikel: aus Sand wird Sandstein, aus Schlamm Tonstein oder Schiefer und aus einzelnen Kieseln oder Schotter formt sich Konglomerat. Dieses Phänomen ist wiederum gut an der Straße in der Nähe des Klosters Panteleimonas zu sehen, wo sich Schichten aus Sandstein, Schiefer und Kalkstein abwechseln.

Nur in den seltensten Fällen liegen die verschiedenen Gesteinsschichten horizontal übereinander. Meist sind sie durch tektonische Prozesse verschoben und verzogen. Besonders eindrücklich spiegelt sich die Kraft dieser Prozesse in den Felswänden links der Straße zum Kloster Agios Panteleimonas wider, wo die unterschiedlichen Lagen fast vertikal aufgestellt sind.

Aber auch auf kleinerem Raum sind solche Faltungen und Verwerfungen zu beobachten. So etwa treten zum Teil ziehharmonikaartig geformte Kalk- und Hornsteinbänder auf.

Durch tektonische Prozesse wurden einst waagrecht abgelagerte Sedimentgesteine verschoben und, wie hier im Bild, senkrecht aufgestellt.

**Eruptivgestein**

Diese zweite und jüngere Hauptgesteinsgruppe, die auf Tilos zu finden ist, besteht aus zwei unterschiedlichen Bimsablagerungen.

Eruptivgesteine entstehen aus vulkanischer Aktivität. Das bekannteste und eindrücklichste Produkt vulkanischer Aktivität ist vermutlich Lava. Häufiger sind jedoch Vulkanausbrüche, die Asche- und Bimssteinwolken, in der Regel begleitet von hohen Gaskonzentrationen, hervorbringen. Solche Ausbrüche nennt man pyroklastische Ausbrüche. Ein besonders eindrückliches Beispiel für einen pyroklastischen Vulkanausbruch war der Ausbruch des Vesuv auf Sizilien im Jahr 79 nach Christus, der die Städte Pompeji und Herculaneum vollständig zerstörte.

Alle Eruptivgesteine auf Tilos sind pyroklastischen Ursprungs. Pyroklastische Ablagerungen lassen sich unterschiedlich klassifizieren, unter anderem nach der Art ihres Transportes. Sogenannte pyroklastische Fallablagerungen bestehen aus Asche, Bims und Gesteinsbrocken, die explosionsartig aus dem Vulkanschlot geschleudert werden. Größere Brocken landen in unmittelbarer Nähe des Vulkans, während leichteres Material wie Asche und Bims mit dem Wind weitergetragen wird, bis es sich in Schichten ablagert („ausfällt"). Jeder weitere Vulkanausbruch kann eine neue Schicht produzieren, die sich gleichmäßig über die untere Schicht legt.

Bild: G. Sachse

Die deutlich geschichteten pyroklastischen Ablagerungen sind vulkanischen Ursprungs.

Auf Tilos finden sich solche Bimssteinschichten aus pyroklastischen Fallablagerungen an verschiedenen Orten. Am besten sind sie jedoch direkt hinter und oberhalb von Agios Antonios, einem kleinen Fischerhafen im Nordwesten der Insel, zu sehen. Hier treten mindestens fünf klar zu definierende Bimssteinschichten zwischen 0,5 bis 1 m Dicke auf, die aus gut sortierten „Bimssteinkörnern" mit einem Durchmesser zwischen 1 bis 3 cm bestehen.

Auch in verschiedenen Rinnen bei Livadia und unterhalb der Kirche Agia Anna treten solche Bimssteinschichten, begünstigt durch die Ausspülung bei starken Niederschlägen, zu Tage.

Im Gegensatz zu den pyroklastischen Fallablagerungen formen pyroklastische Fließablagerungen weniger ordentliche und einheitliche Schichten. Sie bilden sich durch das Absetzen von Gesteinsfragmenten aus einem Gas- und Partikelgemisch, das bei explosiven Vulkanausbrüchen entstehen kann. Wegen seiner Dichte steigt das Gemisch nicht auf, sondern fließt über die Erd- oder Meeresoberfläche, bis es sich ablagert. Diese Ablagerungen sind in der Regel nicht ordentlich geschichtet und bestehen aus heterogenem Material unterschiedlicher Größe. Verfestigte pyroklastische Fließablagerungen werden als Ignimbrite bezeichnet. Sie entstehen entweder durch Verschmelzung der einzelnen Bestandteile oder durch „normale" Lithifikation (Versteinerung).

Eine etwa 10 m dicke Bimssteinschicht aus pyroklastischen Fließablagerungen findet sich im zentralen Teil der Insel, insbesondere östlich der Straße zwischen Livadia und Megalo Chorio und den Tälern rund um die Elefantenhöhle. Sie ist cremefarben bis weiß mit vielen, teils bis zu 60 cm großen Bimssteineinschlüssen. Nahe der Hauptstraße wird diese Schicht in einigen Bereichen abgebaut und als Betonzuschlag verwendet.

Mächtige Bimssteinschicht aus pyroklastischen Fließablagerungen.

Bild: G. Schwaderer

Insbesondere das Auftreten der Bimssteinschichten auf Tilos ist nur zu verstehen, wenn man auch die Geologie beziehungsweise Tektonik in der weiteren Umgebung der Insel betrachtet. Wie bei der Entstehung des Mittelmeers spielen auch hier die Afrikanische und die Eurasische Kontinentalplatte eine zentrale Rolle. An Stellen, an denen beide Platten zusammenstoßen, kommt es zur sogenannten Subduktion: die Platte mit der höheren Dichte schiebt sich unter die andere Platte, wobei sie sich erhitzt und schließlich schmilzt. Durch das Schmelzen der subduzierten Platte bildet sich Magma, welches durch hohen Druck bis an die Oberfläche gepresst werden kann. Deshalb finden sich an den Subduktionszonen unserer Erde sehr häufig Vulkangürtel. Der größte ist der sogenannte „Ring of Fire", der die Pazifische Platte umgibt.

Im Vergleich damit ist die vulkanische Aktivität im Mittelmeer verhältnismäßig gering. Dennoch kommt es durch die Subduktion der Afrikanischen unter die Eurasische Platte zu Zonen mit aktivem Vulkanismus und großer Erdbebenhäufigkeit. Eine dieser Bruchlinien zieht sich durch die Ägäis und bildet zwischen Korinth, Ägina, Milos, Santorin und Nysiros sowie zwischen Kos und Nysiros Bögen mit verstärkter vulkanischer Aktivität.

So lassen sich auch die Bimssteinablagerungen auf Tilos erklären: Die pyroklastischen Fallablagerungen stammen von der Insel Nysiros, wo sich vor 24.000 bis 66.000 Jahren insgesamt zwölf Vulkanausbrüche ereigneten. Die Auswürfe von sechs dieser Ausbrüche erreichten Tilos und lagerten sich dort in geordneten Schichten ab. Die pyroklastischen Fließablagerungen sind etwa 160.000 Jahre alt. Der Vulkanausbruch, bei dem dieses Material ausgeworfen wurde, fand vermutlich in einem vulkanischen Zentrum zwischen den Inseln Kos und Nysiros statt. Gleiche Ablagerungen konnten auch auf nahegelegenen Inseln sowie dem türkischen Festland bei Bodrum und Datca nachgewiesen werden.

Die letzten Male kam es auf Nysiros in den Jahren 1871/74 und 1887/88 zu Vulkanausbrüchen, während sich auf Kaimeni, das zur Santorin-Inselgruppe gehört, bis ins 20. Jh. Ausbrüche ereigneten.

## Klima

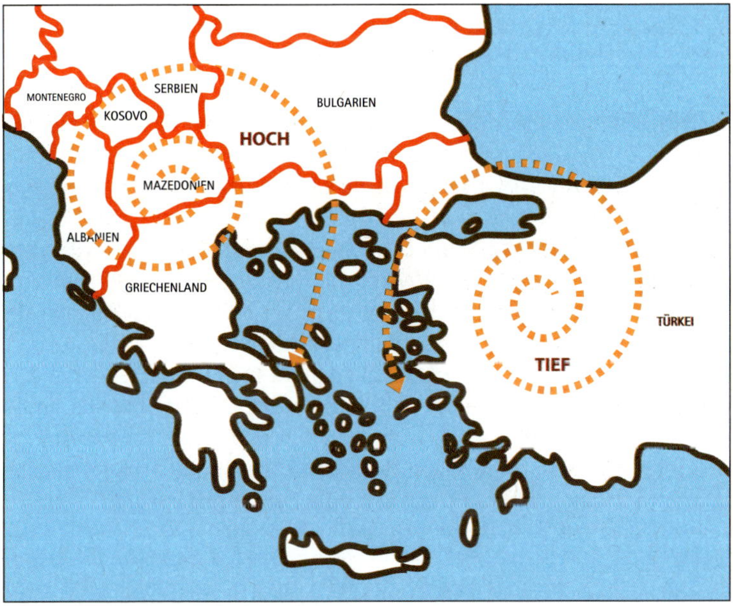


Karte: K. Sauer

Maßgeblich für die Entstehung des Meltemi: ein Hoch im Westen, ein Tief im Osten.

Das Klima in der Ägäis und damit auch auf Tilos ist geprägt von den regelmäßig auftretenden trockenen Nordwest-Winden, die von April bis Oktober im östlichen Mittelmeer wehen. Diese Winde, auch Etesien genannt, sind namensgebend für das vorherrschende Klima. Charakteristisch für das sogenannte Etesienklima sind die trockenen, heißen Sommer und die milden frostfreien, aber niederschlagsreichen Winter.

Die Etesienwinde (auf Griechisch Meltemi) entstehen durch den Luftausgleich zwischen großen Tiefdrucksystemen, die über Südwestasien lagern und bis nach Kleinasien reichen, und dem im Sommer bis ins Mittelmeer vorstoßenden Azorenhoch. Luftmassen aus dem Hochkeil über dem Balkan und Ungarn strömen in das über dem Persischen Golf liegende Tief, so dass ein starker Wind entsteht. Unterstützend und beschleunigend auf diesen Wind wirkt oft ein Hitzetief über der Zentraltürkei.

Von Juni bis September liegt die Wind-Wahrscheinlichkeit in der Ägäis bei 70 %. Sein Maximum erreicht der Meltemi, der Griechenland den berühmten strahlend blauen Himmel beschert, in den Monaten Juli und August. Üblicherweise setzt der Meltemi in diesen Monaten am Vormittag ein und weht bis zum Sonnenuntergang. Tagsüber mildert er so die hohen Temperaturen und wird als angenehm kühlend empfunden. Zudem bringt er stets gute, klare Sicht mit sich. Doch der Meltemi hat auch ein anderes Gesicht: Dann weht er tagsüber mit Stärken von 6 bis 8 Beaufort und schwächt auch in der Nacht nicht ab. Je nach Windstärke kann dadurch der Fährverkehr zum Erliegen kommen, und abhängig von den örtlichen Gegebenheiten des jeweiligen Flughafens können Inselflüge eingestellt werden.

In Griechenland herrschen über 3.000 Stunden Sonne im Jahr. Damit ist nahezu vollständiger Verlass auf blauen Himmel und Sonne zwischen Mai und September. Tilos ist dabei keine Ausnahme: die Zahl der Sonnenstunden in diesen Monaten liegt im Schnitt zwischen 10 (Mai) und 12 (Juli / August), die der Regentage zwischen 5 im Mai und 0 in den Monaten Juli und August.

Doch auch eine Reise im April und im Oktober braucht man nicht zu scheuen: im April liegt die durchschnittliche Höchsttemperatur bei 20° C, im Oktober sogar bei 23° C. Da im Oktober die Wassertemperatur an der Meeresoberfläche meist immer noch 22° C aufweist, ist auch dann das Baden noch gut möglich. Im April hingegen ist das Meer trotz der oftmals schon sehr angenehmen Lufttemperatur, die oft deutlich über der in Deutschland liegt, mit ca. 17° C für die meisten Besucher zum Baden noch zu kalt.

Ein Besuch auf Tilos kann im Grunde zu jeder Jahreszeit lohnend sein. Um die Insel zu erwandern, sollte man allerdings die Sommermonate meiden: Dann ist es – trotz Meltemi – oftmals zu heiß für größere Anstrengungen. Auch ist ein Großteil der Pflanzen, an deren Blütenpracht man sich im Frühjahr und frühen Sommer erfreuen kann, in dieser Jahreszeit verblüht. Wer Tilos jedoch vor allem als Badetourist besuchen will und einen kleinen Fußmarsch nicht scheut, findet in jedem Fall geeignete Badebuchten zum Entspannen. Es sei jedoch darauf hingewiesen, dass auch auf Tilos in den

Monaten Juli und August Hauptsaison herrscht. Wenngleich sich der Touristenansturm – verglichen mit anderen Mittelmeerinseln - in Grenzen hält, können die sonst idyllischen Badeplätze in diesen Monaten stärker frequentiert sein. Hinzu kommt, dass Teile des größten Sandstrandes der Insel in der Bucht von Eristos im Hochsommer auch als Campingplatz genutzt werden.

Um die Insel zu erwandern und ihre Flora und Fauna zu entdecken, empfiehlt sich ein Besuch besonders im April und Mai. Im frühen Frühjahr (März / April) wirkt sich allerdings nachteilig aus, dass viele der Unterkünfte und Restaurants noch geschlossen haben, weil die Tourismussaison erst nach dem griechischen Osterfest beginnt. Viele der inselansässigen Gastronomen und Hoteliers kehren auch selbst erst dann vom griechischen Festland oder von Rhodos nach Tilos zurück.

Bild: K. Grund

Wandergruppe auf dem Weg zur Bucht von Skafi.

# Praktische Tipps

## Anreise

Am einfachsten und schnellsten ist die Anreise nach Tilos über Rhodos. Von hier fahren vor allem im Sommer regelmäßig Schiffe nach Tilos. In den Wintermonaten (Oktober bis April) ist die Verbindung schlechter. Aktuelle Informationen zum Fährenfahrplan gibt es unter http://www.tilos-travel.com/tilos_ferry_schedules.php

Da sich die Abfahrtszeiten von Woche zu Woche ändern können, ist es sinnvoll, die Fahrpläne bei Bedarf auch entsprechend kurzfristig zu überprüfen. Tickets für die verschiedenen Fähren kann man direkt vor Ort in Rhodos bzw. auf Tilos in dem am Hafen von Livadia gelegenen Reisebüro Stefanakis kaufen.

Die Schiffe von Rhodos nach Tilos legen von unterschiedlichen Häfen aus ab. Man sollte also ausreichend Zeit zwischen der Landung des Flugzeugs und der Abfahrt des Schiffes einplanen. Gegebenenfalls bietet sich auch eine Zwischenübernachtung auf Rhodos an.

In der Regel sind die Verbindungen zwischen Rhodos und Tilos zuverlässig und so, wie in dem Fährenplan unter obigem Link angegeben.
Abweichungen und Ausfälle kann es allerdings bei der Tilos Sea Star geben. Vom Flughafen Rhodos fährt ein Bus in die Altstadt von Rhodos – eine gute und günstige Alternative zum Taxi.

Alternativ zur Anreise mit dem Flugzeug über Rhodos kann man auch die Auto-Fähre von Piräus aus nehmen.

Bild: G. Schwaderer

Die Tilos Sea Star ist die schnellste Verbindung von Rhodos nach Tilos.

Täglich kommen Fähren im Hafen von Tilos an.

## Fortbewegung auf der Insel

Wenngleich Tilos sehr klein ist, sind einige der Ausgangspunkte für die Wanderungen nicht zu Fuß zu erreichen. Es gibt aber Busse auf Tilos: der aktuelle Fahrplan hängt am Marktplatz von Livadia an einem braunen Brett aus. Allerdings sind die Verbindungen - vor allem in der Nebensaison - selten und es kann schwierig werden, die Insel nur mit dem Bus zu erkunden.

Wer sich freier bewegen möchte, sollte ein Auto mieten. Informationen dazu gibt es ebenfalls im Reisebüro Stefanakis auf Tilos. In der Hauptsaison empfiehlt sich eine Vorab-Reservierung im Internet (http://www.tilos-travel.com/tilos_rentacar.php). Des Weiteren besteht auch die Möglichkeit, sich in Livadia einen Motorroller zu leihen (bspw. bei Kiriakos oder Tilos Travel im Hafen).

Die einzige Tankstelle auf der Insel liegt etwa auf halber Strecke an der Hauptverbindungstraße zwischen Livadia und Megalo Chorio.

## Unterkünfte und Verpflegung

Unterkünfte gibt es auf Tilos reichlich. Neben Hotelzimmern findet man Apartments in verschiedenen Größen sowie Privatzimmer. Wie auf fast allen griechischen Inseln kann man auch auf Tilos gleich nach der Ankunft am Hafen von Livadia eine Unterkunft suchen. Die besten Angebote sind allerdings meist schon im Vorfeld reserviert - vor allem in der Hochsaison. Es lohnt sich daher, rechtzeitig vor der Reise eine entsprechende Unterkunft zu buchen.

In der Bucht von Eristos gibt es im Sommer die Möglichkeit, gegen eine geringe Gebühr am Strand zu zelten. Dies wird vor allem von vielen griechischen Studenten in Anspruch genommen. Allerdings lassen die sanitären Anlagen dort zu wünschen übrig.

Eine Übersicht über die verschiedenen Unterkünfte findet man im Internet unter:
http://www.tilostravel.co.uk/html/bluesky.html und
http://www.greekhotels.gr/greek_island_hotels/dodecanese_islands_hotels/tilos_hotels.asp?show=Both&display=9&order=pop&page=1

Bild: G. Sachse

In der Regel erst nach dem griechischen Osterfest geöffnet:
Tavernen und Restaurants auf Tilos.

Da die Saison auf Tilos erst im Mai richtig startet, werden viele der Unterkünfte auch dann erst vermietet. Sollte man also vor Mai nach Tilos fahren (was sich durchaus lohnt!), ist es umso sinnvoller, sich vorab schon über verfügbare Zimmer bzw. Ferienwohnungen zu informieren.

In allen Ortschaften der Insel (Livadia, Megalo Chorio, Eristos und Agios Antonios) gibt es verschiedene Restaurants, in denen neben der typischen griechischen Küche auch Pizza und Pasta angeboten werden. Wer beim Essen gerne dem Rauschen des Meeres lauscht, kann eine der Tavernen an der Promenade von Livadia besuchen oder Fisch in Agios Antonios essen. In Megalo Chorio laden verschiedene Lokalitäten mit Blick auf die den Ort umgebenden Berge zum Essen ein.

Selbstversorger können sich in einem der kleinen Supermärkte in Livadia oder Megalo Chorio mit (fast) allem versorgen. In Livadia bietet ein Bäcker neben verschiedenen anderen Brotsorten typisch griechisches Gebäck an. Er beliefert auch den Supermarkt in Megalo Chorio mit Brot.

Seit 2010 gibt es endlich eine Apotheke auf Tilos. Bisher konnte man Medikamente nur beim Inselarzt kaufen oder sie mussten von Rhodos geliefert werden. Die Apotheke liegt direkt am Marktplatz von Livadia.

Bild: G. Sachse

Der Kiesstrand in der Bucht von Livadia lädt zum (sonnen-)baden ein.

## Beschreibung der wichtigsten Ortschaften

### Der Hafenort Livadia

Wer Tilos besucht, landet unweigerlich in Livadia, dem Haupthafen der Insel, denn hier kommen alle Fähren an. Der Ort liegt am Rande einer Küstenebene, deren landschaftlichen Rahmen die tief zerfurchten, bis zu 415 m hoch aufragenden Kalksteinberge bilden, die sich wie eine Art Amphitheater um den Ort ziehen.

Livadia ist zwar nicht, wie man auf den ersten Blick meinen mag, der Hauptort der Insel, jedoch durch den Hafen und die ca. zwei Kilometer lange Promenade, die sich entlang des Kiesstrandes hinzieht, touristisch gut erschlossen. In Livadia findet man so ziemlich alles, was das Urlauberherz begehrt: Unterkünfte, Restaurants und Kafenions ebenso wie Supermärkte, Souvenirshops und ein Reisebüro. Wer auf seiner Reise nach Tilos zuvor einen Zwischenstopp auf Rhodos eingelegt hat, wird dennoch die relative Ruhe des Ortes selbst in der Hauptsaison zu schätzen wissen.

Wie Megalo Chorio, dem zweiten größeren Ort auf Tilos, war Livadia bereits in der Antike besiedelt und diente damals schon als Hafenort. Seinerzeit lag der Hafen jedoch noch nicht an der heutigen Stelle, sondern bei Agios Stefanos am östlichen Ende der Bucht auf Höhe des „Faros Restaurant". Auch heute ankern dort noch kleinere Boote.

Trotz des direkten Zugangs zum Meer war die Gegend rund um Livadia vor allem für den Feldanbau von Bedeutung. Davon zeugt auch der Name Livadia, was auf Deutsch „Wiesen" bedeutet.

Wie auf vielen Inseln waren auf Tilos jahrhundertelang Piratenüberfalle an der Tagesordnung. Die Einheimischen zogen sich daher ins Inselinnere, vor allem in die vom Meer aus nicht einsehbaren Dörfer Megalo und Mikro Chorio, zurück. Livadia hatte daher lange Zeit als Siedlung keine Bedeutung.

Im Vergleich zu Megalo Chorio wirkt Livadia eher zusammengewürfelt. Das liegt an der späten Entwicklung des früher nur kleinen Ortes. In den 1970er Jahren fingen die ersten Tilioten an, kleinere Hotels und Pensionen zu bauen und Privatzimmer zu vermieten. Besonders in den letzten Jahren wurden dann verstärkt Unterkünfte, aber auch Tavernen und Cafés – vorzugsweise mit Blick auf die Bucht von Livadia – gebaut, sodass sich der Ort inzwischen nahezu rund um die gesamte Bucht erstreckt. Es ist jedoch fraglich, ob sich der Bau der einen oder anderen Hotelanlage wirklich gelohnt hat, denn einige wirken - vor allem außerhalb der Hauptsaison - verwaist.

Ingeborg Lehmann beschreibt Livadia in ihrem Reiseführer „Griechische Inseln 3 – Die Dodekanes", der erstmals 1985 erschien, als gesichtslos. Der Ort habe das „ausdruckslose Gesicht der vielen in neuerer Zeit entstandenen griechischen Küstensiedlungen". Einziges Highlight sei, so Ingeborg Lehmann, die Hafenbehörde (heute Polizeistation), die noch aus der Zeit der italienischen Besetzung der Insel Tilos zwischen 1912 und 1947 stammt. Im italienischen Kolonialstil erbaut, hat sie drei Spitzarkaden, einen turmartigen Aufbau und wird von einer riesigen Petticoat-Palme (Washingtonia) überragt.

Es sei dem Besucher selber überlassen, sich ein eigenes Urteil über Livadia zu bilden.

Bild: K. Grund

Livadia - von der Fähre aus gesehen.

**Megalo Chorio – Das große Dorf und Verwaltungssitz der Insel**

Wem Livadia zu unruhig ist, dem sei ein Aufenthalt in Megalo Chorio empfohlen. Der pittoreske Ort liegt an den Ausläufern des Berges Agios Stefanos und ist schon von Weitem zu erkennen.

Das „Große Dorf", so die wörtliche Übersetzung des Namens, ist seit der Antike Hauptort und Verwaltungssitz von Tilos. Auch heute noch befindet sich das Bürgermeisteramt im Zentrum des Ortes bei der dem Erzengel Michael geweihten Kirche. Der Hof zwischen Bürgermeisteramt und Kirche ist mit hellgrauen und anthrazitfarbenen Kieseln ausgelegt. Dieses Kochlaki genannte Mosaik findet man auch an anderer Stelle auf Tilos, so beispielsweise im Hof des Klosters Agios Panteleimonas im äußersten Westen der Insel.

An der Nordwand der Kirche existiert noch ein Teil der antiken Stadtmauer. Einen weiteren Teil dieser Befestigungsmauer findet man zwischen einigen Häusern des Ortes.

Der Kirchhof von Megalo Chorio.

Spuren der Vergangenheit: Reste einer minoischen Mauer.

Bilder: G. Schwaderer, A. Spangenberg

Die alte Wehrmauer umschloss einst in einem Rechteck das Wohngebiet, den antiken Friedhof und die Akropolis. Die Reste der Akropolis – ein antikes Tor, eine Marmortreppe und Mauerteile - kann man heute noch auf dem Festungsberg besichtigen. Auch ansonsten lohnt sich trotz des steilen Anstiegs der Besuch des Kastells, ist es doch das am besten erhaltene der sieben mittelalterlichen Kastelle auf der Insel. Zudem hat man vom Gipfel des Berges einen wunderschönen Blick über die Bucht von Agios Antonios und die sich daran anschließende Ebene (siehe dazu auch Wanderung 9 und Kapitel 2 – Kastelle).

Bis ins 19. Jahrhundert lag Megalo Chorio vollständig innerhalb der Wehrmauer. Erst als Griechenland im Jahr 1830 seine Unabhängigkeit erlangt hatte und die Seeräuberei langsam unter Kontrolle kam, wagten sich die ersten Bewohner aus der Gipfelfeste und bauten knapp unterhalb des Kastells ihre Häuser. Diese Siedlung nannten sie Epano Chorio: oberes Dorf. Nur wenige zogen noch tiefer hinab und gründeten das heutige Megalo Chorio. Epano Chorio soll bis Anfang des 20. Jahrhunderts bewohnt gewesen sein. Danach ließen sich alle Bewohner in Megalo Chorio nieder.

Interessant ist auch ein Besuch des seit einiger Zeit renovierten Klosters unterhalb des Ortes neben der Schule. Bis vor wenigen Jahren diente es als Unterbringung für die auf Tilos stationierten Soldaten. Nun gibt es Pläne, hier Übernachtungsmöglichkeiten für Touristen zu schaffen.

Bild: A. Spangenberg

Renoviertes Kloster bei Megalo Chorio.

Eine weitere Sehenswürdigkeit in Megalo Chorio ist das Museum, das über die Zwergelefanten informiert. Wenngleich es bei mehreren Besuchern eng zugehen kann, lohnt sich die Besichtigung, um mehr über diese Besonderheit der Insel zu erfahren (Öffnungszeiten: täglich von 09:00 h bis 13:30 h). Die Verlegung des Museums in ein größeres Gebäude nahe der Höhle von Charkadio, wo die Überreste der Zwergelefanten gefunden wurden, ist geplant und der Neubau hat begonnen. Allerdings wird derzeit aus Geldmangel nicht weitergebaut und es ist unklar, wann - und ob tatsächlich - der Umzug des Museums dorthin stattfindet.

(Mehr zu den „Zwergelefanten von Tilos" unter „Kleine Insel - kleine Elefanten: Die Zwergelefanten von Tilos" ab Seite 54.

Wie in Livadia gibt es auch in Megalo Chorio ausreichend Einkaufs-, Übernachtungs- und Einkehrmöglichkeiten.

Bild: A. Spangenberg

Das neue Elefanten-Museum nahe der Höhlen von Charkadio - bisher ungenutzt.

Der Hafen von Agios Antonios.

Bild: A. Spangenberg

**Agios Antonios – Verträumtes Fischernest**

Agios Antonios, das aus wenigen neuen Häusern und zwei Tavernen besteht, liegt im Nordwesten von Tilos. Der Ort ist ein freundlicher, kleiner Fischerhafen, in dem nicht nur Boote von Tilos, sondern auch von anderen Inseln der Umgebung ankern. Mittlerweile ist der Hafen so weit ausgebaggert, dass in den Sommermonaten auch Ausflugsschiffe mit Tagestouristen aus Rhodos oder Kos anlanden können. Nach historischen Reiseberichten war er eine Zeit lang sogar der Hauptzugang zur Insel. So ging auch der Reiseschriftsteller Friedrich von Vincenz kurz vor 1900 hier an Land.

Vor einigen Jahren sind der alte Hafen, die Kaimauern und die Uferstraße neu instandgesetzt worden, und man kann vor den Tavernen des Ortes den frisch gefangenen Fisch essen.

Agios Antonios war bereits zu frühchristlicher Zeit und wahrscheinlich auch noch früher schon bewohnt. Auf solche alten Siedlungen weisen heute einzig die vor- und frühgeschichtlichen Begräbnisstätten hin. Im Bereich des Ortes werden umfangreiche Begräbnisfelder vermutet, doch fehlen die Gelder, um die Nekropolen zu erforschen und zu sichern.

Folgt man der Straße weiter in Richtung des Klosters Agios Panteleimonas, trifft man nach kurzer Zeit auf die Klosteranlage Kamariani (auch zu Fuß von Agios Antonios aus zu erreichen). Hier gibt es eine Quelle mit gutem Trinkwasser. Vom Kloster aus erreicht man, weiter der Straße nach Agios Panteleimonas folgend, in einer knappen Stunde (ca. 3 km) den Strand „Plaka", der mit feinem Sand und klarem Wasser zum Schwimmen einlädt.

Wer weniger weit gehen und dennoch nicht auf ein Bad im Meer verzichten möchte, kann auch den schmalen Strand auf Höhe der neu renovierten Windmühle bei Agios Antonios zum Baden nutzen.

**Eristos – Fruchtbare Ebene und Sandstrand**

Es wäre sicher übertrieben, die vereinzelt gelegenen Häuser von Eristos als „Ortschaft" zu bezeichnen, doch auch hier gibt es Unterkünfte und einige Tavernen. Der große Sandstrand in der weiten Bucht lädt zum Baden ein. Anders als die Bucht von Livadia ist die bei Eristos touristisch noch nicht erschlossen, sodass man hier - zumindest außerhalb der Hauptsaison, wenn Teile des Strandes als Campingplatz genutzt werden - seine Ruhe hat.

Man erreicht Eristos über eine Straße, die von Megalo Chorio durch eine fruchtbare, früher nahezu vollständig landwirtschaftlich genutzte Ebene führt. Heute werden nur noch in einem kleinen Teil Früchte und Gemüse angebaut. Die Ebene von Eristos ist das grünste Tal der Insel und hat eine eigene Quelle für die Bewässerung der Felder. Vor einigen Jahren hat man nahe der Straße eine große Regenwasserzisterne für zusätzliche Wasserversorgung angelegt. Aufgrund der geringen Niederschlagsmengen in den letzten Jahren und/oder wegen Mängeln bei der Bauausführung ist das Becken jedoch selten gefüllt.

Die Ebene von Eristos lässt sich gut bei einem Spaziergang erkunden (siehe dazu Naturkundliche Wanderung 2).

Bild: G. Schwaderer

Die (meist leere) Zisterne von Eristos.

Bild: K. Grund

Touristisch kaum erschlossen: die Bucht von Eristos.

Bild: A. Spangenberg

# Kulturelle & historische Bedeutung von Tilos

## Von der Stein- in die Neuzeit

Auch heute noch findet man auf Tilos viele Spuren seiner bewegten Geschichte, die bis zurück in die Steinzeit reicht.

Dass Tilos – in der Antike Telos genannt – bereits in der Jungsteinzeit bewohnt war, beweisen Funde von neolithischem Werkzeug in der Charkadio-Höhle (heute an der Straße zwischen Livadia und Megalo Chorio gelegen). Dort fand man bei Ausgrabungen neben den Knochen der Zwergelefanten auch Scherben altgriechischer, römischer, byzantinischer und mittelalterlicher Keramik. Über die prähistorische Bevölkerung der Insel ist außer den Steinwerkzeugen jedoch nichts weiter bekannt.

Vermutlich ab 1.000 v. Chr. erschienen die Dorer, ein Altgriechisch sprechender, indogermanischer Volksstamm, auf Telos und den Nachbarinseln. Ursprünglich lebten sie wahrscheinlich im nordwestgriechischen Raum Epirus und Makedonien. Auch mit Rhodos muss Tilos bereits sehr früh in Verbindung gestanden haben: Der römische Geschichtsschreiber Herodot (um 484 - 425 v. Chr.) berichtet, dass sich Tilos mit den rhodischen Lindern im 7. Jahrhundert v. Chr. an der Koloniegründung von Gela (Sizilien) beteiligte.

Kurz nach dem Zusammenschluss des Attischen Seebundes in den Jahren 477 / 478 v. Chr. trat auch Telos dem Bündnis bei. Der Seebund diente dem Ziel, die Kräfte der griechischen Stadtstaaten zu bündeln, um die Perser nach der durch Athen erfolgreich geschlagenen Schlacht im Jahr 480 v. Chr. künftig von der Ägäis mit ihren griechisch besiedelten Inseln und Randzonen fernzuhalten und wichtige Seehandelswege zu schützen. Die Mitglieder verpflichteten sich, entweder Kriegsschiffe zu stellen oder finanzielle Beiträge zu leisten. Aus Aufzeichnungen aus dem Jahr 424 v. Chr. geht hervor, dass auch Telos Zahlungen an Athen abführte.

Nach dem Niedergang des Attischen Seebundes 338 v. Chr. verbündete sich Telos mit den Spartanern. Später dann erlangte die Insel mehr Bedeutung und prägte sogar – vermutlich bis zum Ende des 4. Jahrhunderts v. Chr. - seine eigenen Münzen.

Ab dem 3. Jahrhundert v. Chr. gehörte die Insel zu Rhodos. Antike Inschriften zeigen, dass Tilos nicht nur politisch, sondern auch kulturell von Rhodos abhängig war. 42 v. Chr. schließlich eroberten die Römer die Insel, die nun zu einem unbedeutenden Glied im Römerreich wurde. Erst in den Jahren 1082 bis 1097 rückte Tilos wieder ins Licht der Geschichte. Unter der Vorherrschaft der Venezianer begann eine Zeit des Befestigungsbaus auf Rhodos und den umliegenden Inseln. Damals entstanden auf Tilos insgesamt sieben Kastelle. Die große Zahl von Burgen auf der kleinen Insel lässt sich mit ihrer strategisch günstigen Lage auf dem Seeweg zwischen Athen und Zypern erklären.

Im Jahr 1309 übernahmen die Johanniter-Ritter die Herrschaft auf Tilos. In den darauffolgenden Jahren bauten sie die verschiedenen Befestigungsanlagen wieder auf beziehungsweise aus, um die Insel vor Übergriffen durch Piraten zu schützen. Aber auch bei Angriffen der Türken, die vor allem in der zweiten Hälfte des 15. Jahrhunderts erfolgten, dienten die Kastelle als Schutzburgen. In dieser Phase wurden die Orte auf Tilos mehrmals verwüstet, Hänge wurden abgeholzt und Vieh geraubt. Lange Zeit gelang es aber weder Piraten noch Türken, eine der Burgen einzunehmen.

Erst nach rund 200 Jahren mussten sich die Johanniter geschlagen geben: Nach harten Kämpfen um die Kastelle wurden sie schließlich von den Osmanen besiegt und vertrieben. Die Insel wurde eine türkische Provinz von Rhodos. Während der türkischen Herrschaft genoss Tilos, wie die anderen Dodekanes-Inseln auch, bedeutende Steuervorteile und andere Privilegien. Die osmanischen Türken mischten sich wenig in die inneren Angelegenheiten der Inseln ein und es gelang, eine eigenständige Verwaltung, Schulen und eine medizinische Versorgung aufzubauen. Während andere Teile Griechenlands nach der zwischen 1821 und 1830 andauernden griechischen Revolution unabhängig geworden waren, berichtet Friedrich von Vincenz, der um 1900 die Insel besuchte, noch von der „muselmanischen Verwaltung".

1912 landeten die Italiener auf Rhodos und übernahmen die Macht in der Dodekanes und damit auch auf Tilos. War es den Griechen während der Herrschaft der Türken möglich gewesen, ein relativ unbehelligtes Dasein zu fristen, setzten sich die Italiener die Italisierung der Dodekanes zum Ziel. So wurde die Inselgruppe auch kurzerhand in Isole Italiane dell'Egeo umbenannt, Tilos bekam den Namen Piscopi. Zeugen dieser Zeit sind das im italienischen Kolonialstil erbaute Gebäude im Hafen, das heute als Polizeistation dient, sowie das „Haus der Italiener". Die Ruine dieses Gebäudes, das im zweiten Weltkrieg als Überwachungsstation diente, liegt auf dem Gipfel des Berges Profitis Ilias (siehe Wanderung 4). Von hier aus verständigten sich die Soldaten mit Hilfe großer Teleskopspiegel von Insel zu Insel. Erzählungen älterer Inselbewohnern zufolge versuchten Einheimische mehrmals erfolglos, die Spiegel zu zerstören und die Besatzer so von der Außenwelt abzuschneiden.

Nach der Kapitulation Italiens im 2. Weltkrieg (1943) besetzte Deutschland große Teile der Ägäis. Aufgrund der strategisch hohen Bedeutung der Wasserstraßen vor Tilos wurden rund 200 Soldaten auf der Insel stationiert und in Mikro Chorio, das damals noch bewohnt war, einquartiert. Da in dieser Zeit Nahrungsmittel auf Tilos sehr knapp waren, kam es zu Absprachen zwischen den deutschen Besatzern und den Bewohnern der Insel: diese versorgten die Truppe mit Lebensmitteln und im Gegenzug hatten sie keine Repressalien zu erdulden. Doch auch die Briten waren an Tilos interessiert und starteten daher mehrere Versuche, die Insel zu erobern. Einen ersten Angriff Ende Oktober 1944 konnten die Deutschen abwehren; erst im März 1945, also kurz vor Ende des 2. Weltkrieges, waren die Briten erfolgreich.

Nach dem 2. Weltkrieg wurde die gesamte Dodekanes Griechenland zugesprochen: 1947 musste Italien also das Gebiet an Griechenland abtreten und am 07. März 1948 wurde schließlich auch Tilos offiziell griechisch.

Mit dem Abzug der Briten war auf Tilos – wie in ganz Griechenland – ein Machtvakuum entstanden, das den schwelenden Konflikt zwischen der links orientierten griechischen Volksfront und den griechischen Konservativen und Monarchisten (vereinfacht: Rechten) eskalieren ließ. Dies führte 1946 zum Beginn des Griechischen Bürgerkriegs, der auch auf Tilos wütete und dazu führte, dass viele Bewohner, vor allem die in Mikro Chorio ansässigen, die Insel verließen und nach Australien und Amerika auswanderten. So lebten vor rund 20 Jahren nur noch 150 Einwohner dauerhaft auf der Insel. Inzwischen aber sind viele Menschen, die ihre Wurzeln auf Tilos hatten, zurückgekehrt. Durch die Einrichtung einer Krankenstation und einer neuen Schule (beides in Megalo Chorio) sowie den Aufbau der Wasserversorgung und Müllentsorgung verbesserte sich die Infrastruktur auf Tilos entscheidend.

Doch Geschichte lässt sich nicht so schnell beseitigen. Man sieht dies unter anderem daran, dass Tilos auch heute noch in zwei Lager gespalten ist: Wählen die Bürger von Livadia vorwiegend links und damit die PASOK-Partei, sind die Bewohner Megalo Chorios eher konservativ ausgerichtet und Anhänger der Partei Nea Demokratia.

Bild: K. Grund

Das Bürgermeisteramt in Megalo Chorio.

## Kleine Insel – kleine Elefanten: Die Zwergelefanten von Tilos

Besucher wird es verwundern, an vielen Stellen der griechischen Insel Tilos auf Hinweise auf das Vorkommen von Elefanten zu stoßen. Zwar erinnert die Landschaft im Inselinneren - Messaria genannt - entfernt an eine afrikanische Savanne. Doch erst Knochenfunde von Zwergelefanten, die Radio-Karbon-Untersuchungen zufolge aus der Jungsteinzeit stammen, machen die Verbindung zwischen der Mittelmeerinsel und den heute nur (noch) in Afrika und Indien vorkommenden Elefanten klar. Bei Grabungen zwischen 1971 und 1976 in der Charkadio-Höhle an der Straße zwischen Livadia und Megalo Chorio bargen Forscher der Universität Athen und des Naturhistorischen Museums Wien eine Vielzahl unterschiedlichster Knochen, darunter eben auch Überreste von Zwergelefanten.

Die Untersuchungen ergaben außerdem, dass diese Zwergelefanten offenbar erst vor rund 4.000 Jahren auf der Insel ausgestorben sind und damit – anders als sonstige im mediterranen Raum gefundene Knochen solcher Tiere – nicht aus dem jüngeren Pleistozän, sondern aus der späteren Jungsteinzeit stammen. Dies warf viele neue Fragen auf, sodass Paläontologen der Universität Athen die Ausgrabungen noch immer in fast jedem Jahr fortsetzen.

Die Ergebnisse der Grabungen und Forschungen werden in dem kleinen Museum beim Bürgermeisteramt in Megalo Chorio präsentiert. Hier kann man auch einige der Knochen und Zähne sehen, die sonst vor allem im Paläontologischen Museum der Universität in Athen, im Naturhistorischen Museum Wien und im Naturkundemuseum von Rotterdam ausgestellt sind.

Bild: K. Grund

Blick auf das Zwergelefantenmuseum.

Was aber hat es mit den Zwergelefanten auf sich? Sie stammen von dem Waldelefanten Elephas antiquus ab, der während der Eiszeit im Mediterrangebiet lebte. Mit einer Schulterhöhe von nur 90 bis 120 cm waren sie jedoch über drei Meter kleiner als dieser. Vorfahren der Zwergelefanten gelangten vor rund 45.000 Jahren während Kaltzeiten vermutlich über eine Landbrücke von Kleinasien aus auf verschiedene Mittelmeerinseln, darunter Tilos, Zypern und Kreta. Die „Verzwergung" der Elefanten ist als Anpassung an die auf Inseln herrschenden Lebensbedingungen mit ihrem eingeschränkten Nahrungsangebot zu werten. Im Gegensatz zu ihren hochwüchsigen Vorfahren waren die Zwergelefanten durch ihre geringe Größe dann auch besser an den gebirgigen Lebensraum von Tilos angepasst. Und weil große Beutegreifer, die natürliche Feinde hätten sein können, auf den Inseln fehlten, war diese Zwergform hier von der Evolution begünstigt.

Untersuchungen des Erbmaterials der verschiedenen isolierten Inselpopulationen belegen übrigens, dass die Zwergelefanten von Tilos und Zypern von asiatischen Elefantenvorfahren abstammen, während die ehemals auf Kreta lebenden Zwergelefanten auf Mammuts zurückgehen. Damit ist belegt, dass es sich bei der Bildung der Zwergformen um eine parallele Entwicklung in der Evolution handelt, die als Ergebnis inseltypische Arten (endemische Arten) hervorbrachte.

Geologische Untersuchungen des Fundortes auf Tilos deuten darauf hin, dass die Zwergelefanten vermutlich aufgrund großer Schwankungen des Meeresspiegels, wodurch die ursprüngliche Inselfläche erheblich vermindert wurde, sowie durch vulkanische Aktivität der benachbarten Inseln ausgestorben sind. Hinzu kommen anthropogene Faktoren wie etwa Bejagung der Elefanten aufgrund von Nahrungskonkurrenz.

Am Eingang der Charkadio-Höhle entsteht derzeit ein neues Museum, in dem künftig die Ausstellung zu den Zwergelefanten zu sehen sein soll. Eine Besichtigung der Höhle selbst ist leider nicht möglich.

Das Museum in Megalo Chorio, in dem die Ausstellung bisher präsentiert wird, hat täglich von 09:00 h bis 13:30 h geöffnet.

# Kastell von Megalo Chorio

Wenngleich mit einem schweißtreibenden Aufstieg verbunden (siehe dazu Wanderung 9), lohnt sich ein Besuch des oberhalb von Megalo Chorio gelegenen Kastells in jeder Hinsicht, denn vor allem von oben wird die strategische Lage dieser zentralen Festung besonders deutlich: Die unterhalb der Wehrmauer siedelnden Menschen hatten besten Überblick über die Insel und das Meer. So waren mögliche Eindringlinge bereits aus großer Entfernung zu entdecken.

Das Kastell selber ist aus archäologischer Sicht sehr interessant, da seine Ursprünge auf einen antiken Tempel zurückgehen, der den Göttern Athena polias und Zeus polieus, beide Schutzgötter der Stadt, geweiht war. Ein antikes Tor, eine Marmortreppe und Mauerteile des Tempels sind noch vorhanden. Auf seinen Fundamenten steht heute die Erzengelkirche (Taxiarchis), ein verfallenes Tonnengewölbe mit Freskenresten aus dem 16. Jahrhundert.

Bild: Scherf

Relikte aus alten Zeiten lassen die historische Bedeutung von Megalo Chorio erkennen.

Von jeher lebten die Bewohner in Häusern unterhalb des Kastells, um sich bei den zahlreichen Piraten- und später auch Türkenüberfällen schnell hinter den schützenden Mauern in Sicherheit bringen zu können. Viele der Fundstücke wie etwa Schmuckstücke und Grabbeigaben, die im Bereich des Kastells entdeckt wurden und auf diese Besiedelung hinweisen, sind heute im Museum in Rhodos zu besichtigen. Ein bronzenes Wassergefäß aus einem der Gräber hat es sogar bis ins British Museum nach London geschafft.

Heute wird das Kastell von der mittelalterlichen Wehranlage der Johanniter mit zwei byzantinischen Kirchen dominiert.

Insgesamt gibt es auf Tilos sieben Kastelle, die zum größten Teil aus der Johanniterzeit stammen bzw. unter der Herrschaft der Johanniter auf Grundfesten älterer Zeit errichtet wurden. Bei einer weiteren Festung oberhalb von Livadia handelt es sich um eine noch viel ältere Anlage. Archäologische Untersuchungen des Hügels förderten Keramik aus der prähistorischen, klassischen und hellenistischen Epoche zutage. Die antike Befestigungsanlage, vermutlich mykenischen Ursprungs (1500 v. Chr.), ist jedoch im Laufe der Jahrtausende bis auf einige Fundamentreste fast vollständig abgetragen worden.

Leider sind auch die übrigen Kastelle auf Tilos nur bedingt gut erhalten und meist wenig erforscht. Eine genauere Untersuchung wäre wünschenswert, denn sicher gäbe es dabei noch viel Spannendes über die Geschichte von Tilos zu entdecken!

Bild: Scherf

Das Kastell von Megalo Chorio aus der Vogelperspektive.

## Mikro Chorio – das Kleine Dorf

Wie sein „großer Bruder" Megalo Chorio schmiegt sich auch Mikro Chorio an einen Bergrücken, der von einem Kastell gekrönt ist. Der kleine, wachturmähnliche Bau erhebt sich auf einem Felskopf inmitten des Ortes und diente den Bewohnern von Mikro Chorio zu Johanniterzeiten zum Schutz bei Überfällen durch Piraten oder die Türken. Die Gründung von Mikro Chorio erfolgte vermutlich zu Beginn des 12. oder 13. Jahrhunderts. Nach dem Ende des 2. Weltkriegs wurde der Ort nach und nach aufgegeben. Die Kampfhandlungen zwischen deutschen und englischen Soldaten im Zuge der Eroberung von Tilos sowie Auseinandersetzungen im Griechischen Bürgerkrieg beschleunigten den Niedergang des Dorfes. Einige Einwohner siedelten nach Livadia um, andere gingen nach Rhodos, Athen, Deutschland, Amerika oder Australien. Die letzte Bewohnerin soll Mikro Chorio im Jahr 1967 – im Übrigen nur unwillig – verlassen haben. Seitdem ist das Dorf größtenteils dem Verfall preisgegeben.

Dennoch lassen die Häuser des Ortes auch heute noch einen gewissen Wohlstand seiner einstigen Bewohner erahnen. Fast jedes Haus besaß einen eigenen Backofen sowie eine Ölpresse; auf dem Weg durch das Dorf stößt man immer wieder auf Überreste dieser zur Herstellung von Olivenöl genutzten Pressen. Ein zylinderförmiger Stein mit ca. 1,30 m Durchmesser bildet jeweils die Basis. Auf seiner oberen Fläche befindet sich eine kreisrunde Vertiefung, auf der eine Walze liegt. Die Walzen, entweder aus hellem Kalkstein oder rotem Hornstein gefertigt, wurden – meist von Frauen – von Hand betrieben.

Bild: A. Spangenberg

Spuren früherer Blüte des Dorfes Mikro Chorio.

Zwischen den verlassenen und verfallenen Häusern wirkt die restaurierte Kirche des Dorfes fast wie ein Fremdkörper. Das aus dem Jahr 1860 stammende Bauwerk mit seinem Glockenturm liegt unterhalb des Kastro-Felsens inmitten eines mit Kieselsteinmosaiken (Kochlaki) ausgelegten Hofes und ist Mariä Himmelfahrt geweiht. Jedes Jahr wird daher zu Mariä Himmelfahrt am 15. August in und um die Kirche ein Dorf- und Kirchweihfest (Panagyri) gefeiert. Oberhalb dieser Kirche liegt die „Obere Marienkirche", ein älterer, schlichter und unverputzter Tonnengewölbebau, der nach Fertigstellung der „Unteren Marienkirche" als Friedhofskapelle genutzt wurde.

Doch die beiden Kirchen sind nicht mehr die einzigen gepflegten Gebäude im Ort. Seit einigen Jahren werden alte Häuser wieder restauriert. In und vor einem dieser Häuser in der Ortsmitte finden jedes Jahr im Juli und August ab 24:00 h Disco-Veranstaltungen statt. Viele leer stehende Häuser werden dann von Strahlern angeleuchtet, und vor dem Hintergrund des völlig verlassenen Dorfes entsteht eine ganz besondere Atmosphäre, die Touristen wie Einheimische gleichermaßen anzieht. Tagsüber lohnt sich ein Besuch des Ortes nicht zuletzt wegen der Aussicht auf das Inselinnere Messaria.

Mikro Chorio ist sowohl von Megalo Chorio wie von Livadia aus gut zu Fuß zu erreichen (ca. 30 bis 45 min. Gehzeit).

Ein weiteres „Geisterdorf" auf Tilos, das jedoch nur in den Sommermonaten zur Bestellung der umliegenden Terrassenfelder bewohnt war und daher auch ohne Kirche und Friedhof blieb, ist das unterhalb des Berges Koutsoumbas gelegene Gera (siehe Wanderung 2).

Bild: A. Spangenberg

Der Kirchhof von Mikro Chorio mit ausgelegtem Kieselsteinmosaik.

## Agios Panteleimonas – Verborgene Klosteranlage im Kalksteingebirge

Im Nordwesten von Tilos, im höchsten und wildesten Teil der Insel, liegt das Kloster Agios Panteleimonas. Gegründet wurde es im 14. Jahrhundert von Mönchen, die es nach Plünderungen ihrer ehemaligen Niederlassung bei Sitia auf Kreta nach Tilos verschlug. Der Gründungslegende nach wurde das Kloster von Abt Jonas gebaut, der an der Küste von Tilos anlandete. Auf dem Weg nach Megalo Chorio schlief er, von der langen Seereise ermüdet, am Wegesrand ein. Im Traum erschien ihm der Heilige Panteleimonas, der ihn in eine wilde Schlucht führte und anwies, ihm hier eine Kirche zu erbauen. Der Abt folgte den Anweisungen und erbaute an dem exponierten, südwestlich gelegenen Steilabfall des 571 m hohen Berges Krialos eine kleine Kirche, die den ursprünglichen Kern des Klosters Agios Panteleimonas bildet. Eine erste Erweiterung der Anlage erfolgte zu Beginn des 17. Jahrhunderts. Nach Piratenüberfällen wurde zunächst eine Schutzmauer, kurze Zeit später der rechteckige Wehrturm errichtet. Von dem 14 m hohen Turm sollen die Bewohner der Anlage u.a. Bienenstöcke auf die Angreifer geworfen haben, um sie von einem Überfall auf das Kloster abzuhalten. Die im Jahr 1800 vor dem Wachturm gepflanzte Zypresse stammt übrigens von der Schwarzmeerküste.

Bild: A. Spangenberg

Der Wehrturm der Klosteranlage Agios Panteleimonas.

Die heutige Klosterkirche wurde im Jahr 1703 erbaut. Einige der Fresken, mit denen der Maler Gregorius von Symi die Wände im Jahr 1776 schmückte, sind noch erhalten. Im hinteren Bereich des Klosters liegt der zweigeschossige Bau mit den Mönchszellen. Während der osmanischen Besetzung der Insel lebten bis zu 40 Mönche in dem Kloster. In dieser Zeit entwickelte sich Agios Panteleimonas zu einem Kultur- und Handelszentrum, das von Ackerbau und Viehzucht lebte und Ländereien auf Kreta, Kos, Kalymnos, Nisyros und Symi besaß. Das Kloster prägte sogar eigene Münzen, die jedoch nur auf Tilos Gültigkeit hatten.

Doch nach der Gründung des neuen griechischen Staates im Jahr 1834 verwaiste die Klosteranlage wie viele andere in ganz Griechenland auch. Zwischen 1850 und 1870 lebten nur noch vier bis fünf Mönche in dem Kloster; der letzte Mönch verstarb aber erst 1930. Über lange Jahre hinweg stand das Kloster dann leer. Heute wird es von einem Ausschuss verwaltet, der sich aus Inselbewohnern zusammensetzt und sich die Erhaltung der Klosteranlage zum Ziel gesetzt hat. Der Klostervorsteher Papas Manolis kümmert sich sowohl in spiritueller als auch handwerklicher Hinsicht um die Klosteranlage. Ein Besuch ist unbedingt lohnenswert. Nach einem Rundgang laden die schattigen Gartenterrassen zum Verweilen ein. Hier findet jedes Jahr vom 25. bis 27. Juli zu Ehren des Klosterheiligen Panteleimonas ein Fest statt, zu dem auch ehemalige Inselbewohner aus In- und Ausland anreisen. Im Hof des Klosters sprudelt das ganze Jahr über eine erfrischende Quelle, an der man sich mit Trinkwasser versorgen kann.

Bild: A. Spangenberg

Das Kloster Panteleimonas ist mit dem Auto gut zu erreichen und ist Ausgangspunkt der Wanderungen 6 und 7.

Wie ein Adlernest liegt das Kloster am Steilabfall des Berges Krialos.

Bild: G. Sachse

# Pflanzenwelt und Lebensräume

## Pflanzenwelt und Lebensräume

Trotz seiner geringen Größe beherbergt Tilos recht unterschiedliche Lebensräume und eine Vielzahl an Pflanzenarten. Weite Teile der Insel werden von kugelförmigen, dornigen Zwergsträuchern und aromatischen, niedrigen Gewächsen, der sogenannten Phrygana, dominiert. Eine Ausnahme stellt die Messaria, eine savánnenartige Landschaft im Inselinneren, dar. Sie ist einzigartig in der gesamten Dodekanes.

Eine weitere Besonderheit sind Orchideen, die auf Tilos in verschiedenen Gattungen vorkommen. Dabei sind Orchideen der Gattung **Ragwurz** (Ophrys) am häufigsten anzutreffen. Sie fallen aber wegen ihrer geringen Größe kaum auf; es bedarf daher zum Entdecken wie zum Bestimmen der Art eines geschulten Auges.

Phrygana, Messaria und auch die Orchideen lassen sich in Ruhe zu Fuß bei einer der in Kapitel 6 beschriebenen Wanderungen erkunden. Als Ergänzung zu den dort gelieferten Informationen zum Wegverlauf, aber auch zu den Arten, die es bei den Wanderungen zu sehen gibt, sind im Folgenden weitere Informationen zusammengestellt.

Bilder: W. Kaufmann

Heldreichs Ragwurz (Ophrys heldreichii).

## Phrygana – Gut geschützt

Seit dem Altertum hat sich die ursprüngliche Vegetation auf Tilos durch menschliche Eingriffe grundlegend verändert. Nach Rodung, Bränden und Beweidung entstand eine Sekundärvegetation, für die die heute inselartig verstreuten Wäldchen aus **Kermeseichen** (Quercus coccifera) beispielhaft sind. Die kleinen Bäume sind strauchförmig und mit 3 bis 5 m Höhe im Vergleich zur übrigen Vegetation auffallend hoch.

Bild: A. Spangenberg

Eichenwäldchen bei Skafi.

Der übrige Sekundärbewuchs auf Tilos ist durch Ziegenverbiss degradiert und besteht im Wesentlichen aus kugelförmigen, dornigen Zwergsträuchern sowie aromatischen, niederwüchsigen Gewächsen, die wie ein riesiger Kräutergarten mit Düften und Farben die Sinne betören. Diesen Vegetationstyp, der mit der Garrigue im westlichen Mittelmeer vergleichbar ist, nennt man im östlichen Mittelmeer Phrygana. Er erreicht eine maximale Höhe von 1,50 m und ist durch ostmediterrane Florenelemente geprägt. Die Zwerg- und Halbsträucher der Phrygana wachsen auf flachgründigen

Böden und sind, da ihre Wurzeln um Wasser und Nährsalze konkurrieren, locker verteilt, sodass der Blick auf Gestein und Erdreich offen bleibt. Dies ermöglicht im Frühjahr das Gedeihen einer Vielzahl von lichthungrigen, krautigen Pflanzen, darunter auch Orchideen.

Typisch für die Phrygana auf Tilos sind Heil- und Gewürzkräuter wie **Kopfiger Thymian** (Thymus capitatus), **Griechischer Salbei** (Salvia fructicosa) und **Wilder Majoran** (Origanum onites). Sie bilden auffallend hohe Büsche. Auch das bis 1,50 m hohe **Strauchige Brandkraut** (Phlomis fructicosa) - ähnlich dem Griechischen Salbei, aber mit langen, gelben, auffälligen Lippenblüten - ist überall verbreitet. Als Weidewildkraut wird es von Schafen und Ziegen gemieden und breitet sich auch nach Bränden aufgrund seiner feuerfesten Früchte schnell wieder aus.

Bild: A. Spangenberg

Phrygana.

Kopfiger Thymian (Thymus capitatus).

Bild: A. Spangenberg

Bild: K. Grund

Strauchiges Brandkraut (Phlomis fructicosa).

Alle oben genannten Arten gehören zu den Lippenblütlern (Lamiaceae) und sind reich an ätherischen Ölen. Das schützt sie nicht nur vor Verbiss durch Ziegen, sondern auch vor dem Vertrocknen. Einige der Pflanzen erzeugen mit ihren ätherischen Ölen eine Dunstglocke, die einen Glashauseffekt hat und so die Verdunstung der Pflanze herabsetzt. Auch die klebrigen Blattabsonderungen der **Zistrosen** (Cistus sp.) sind ein Verdunstungsschutz, wobei die runzligen Blätter der Pflanze diesen Effekt noch verstärken. So sind die Pflanzen der Phrygana perfekt an die extremen Lebensbedingungen angepasst.

Ein weiteres interessantes Beispiel für die perfekte Anpassung der Pflanzen der Phrygana an die extremen Lebensbedingungen bietet der auf sonnenexponierten Felsvorsprüngen wachsende **Königskerzen-Alant** (Inula verbascifolia). Sein grau-weißer Haarfilz auf Blättern und Stängeln macht ihn besonders auffällig und bewirkt eine Totalreflexion des Lichts, was ihn vor Überhitzung und Austrocknung schützt. Deshalb fühlen sich seine Blätter stets kühl an.

Weitere Arten der Phrygana sind **Dornige Bibernelle** (Sarcopterium spinosum), **Behaarter Dornginster** (Calictome villosa), **Dornstrauch-Ginster** (Genista acanthoclada) und **Dornbusch-Wolfsmilch** (Euphorbia acanthothamnos). Sie sind die in diesem Lebensraum dominierenden Kugelbüsche. Ihre Dornen dienen nicht nur als Schutz gegen Ziegenfraß, sondern unterstützen als Kondensationspunkte auch die Wasserversorgung durch Tau und Nebel.

Bild: K. Grund

Dornige Bibernelle (Sarcopterium spinosum).

Meerzwiebel (Urginea maritima).

Bilder: I.V. Kaufmann

Blüte der Meerzwiebel.

Die krautigen Pflanzen der Phryqana überdauern die Trockenheit des Sommers entweder mit unterirdischen Speicherorganen (sog. Geophyten) oder mit Samen. Typische Geophyten auf Tilos sind **Meerzwiebel** (Urginea maritima), **Persisches Alpenveilchen** (Cyclamen persicum) und die verschiedenen Orchideen (Orchidacea). **Mohn** (Papaver rhoeas) und **Wucherblumen** (Chrysanthemum sp.) überdauern als einjährige Pflanzen mit Samen.

Besonders auffällig sind die bis zu 2 kg schweren Speicherorgane der Meerzwiebel, die zum Teil weit aus dem Boden herausragen und im Winterhalbjahr bis zu 50 cm lange und bis zu 10 cm breite frischgrün glänzende Blätter ausbilden. Im Frühsommer welken die Blätter (die Pflanze „zieht ein") und nur noch die Zwiebel deutet auf das Vorkommen der Art hin. Die gesamte Pflanze, insbesondere aber die Zwiebel selber, ist giftig, was sie vor dem Verbiss durch Ziegen schützt. Auch der **Ästige Affodil** (Asphodelus aestivus) ist gut vor Verbiss geschützt: Er enthält in seinem Gewebe nadelförmige Kristalle und wird daher von Ziegen gemieden.

Herbst-Seidelbast
(Daphne gnidium).

Bild: G. Sachse

Persisches Alpenveilchen
(Cyclamen persicum).

Bild: W. Kaufmann



Weitere typische Pflanzen der Phrygana sind **Baumartige Wolfsmilch** (Euphorbia dendroides) und **Herbst-Seidelbast** (Daphne gnidium).

Die Baumartige Wolfsmilch bildet bis 3 m hohe Kugelbüsche und ist zur Zeit der Sommerdürre kahl. Sie ist leicht an ihren gabelartig verzweigten Ästen zu erkennen, aus denen beim Abbrechen giftiger Milchsaft austritt. Ihre leuchtend gelb gefärbten Hochblätter, die die Funktion der Kronblätter übernehmen und tellerartig die Nektardrüsen und unscheinbaren Blüten umgeben, täuschen Blüten vor und werden von Insekten verschiedener Arten besucht. Die Samenkapseln der reifen Früchte implodieren geräuschvoll in der Mittagshitze – ein Phänomen, das durch sich im Fruchtinneren erwärmende und dadurch ausdehnende Gase entsteht. Durch den Druck werden die Samen meterweise verteilt und neue Pflanzen können gedeihen.

Der Herbst-Seidelbast ist ein Strauch mit langen und kräftigen Ästen, der bis zu 2,50 m hoch werden kann. Die jungen Triebe sind flaumig, seine nach Teer riechenden Blätter blaugrün und länglich-lanzettförmig. Er blüht von Oktober bis April mit weißlichen Blüten.

## Messaria – Savanne im Inselinneren

Nur noch an wenigen Stellen der Insel findet sich ursprünglicher „Wald", bestehend aus **Terebinth-Pistazien** (Pistacia terebinthus palaestina) und **Walloneneichen** (Quercus ithaburensis macrolepis). Einer der Standorte mit solcher Vegetation liegt in der Mitte der Insel, der sogenannten Messaria. Dieser Lebensraum - eine savannenähnliche, offene Baumlandschaft - ist einzigartig in der gesamten Dodekanes; auf den übrigen Inseln der Inselgruppe ist sie schon lange anderen Pflanzengesellschaften (bspw. der Phrygana) oder verschiedenen Nutzungsformen gewichen.

Bei der locker mit Bäumen bestandenen Ebene handelt es sich also um einen ganz besonderen Landschaftstyp von hohem ökologischem Wert, der Insekten, Reptilien und Kleinsauger beherbergt. Diese wiederum dienen einer Vielzahl von Klein- und Großvogelarten als Nahrungsgrundlage. Die hohen Bäume bieten neben Nahrungs- und Brutnischen Schutz und Schatten.

Die Landschaft ist sehr dünn besiedelt und wird extensiv mit Ziegen und Schafen beweidet. Das trägt zwar zur Erhaltung des alten Baumbestands bei, verhindert aber, dass junge Bäume nachwachsen (Naturverjüngung). Folglich könnte in Zukunft dieser Landschaftstyp sein Gesicht verändern und Teil der übrigen Phrygana werden.

Die Ebene von Messaria lässt sich gut bei der in Kapitel 6 beschriebenen Naturkundlichen Wanderung Nr. 4 entdecken.

Bild: K. Grund

Walloneneichen (Quercus ithaburensis macrolepis).

# Orchideen – Verborgene Schönheiten

Orchideen gehören, zusammen mit Palmen, Lilien, Schwertlilien und Gräsern, zu den einkeimblättrigen Blütenpflanzen (Monokotyledonen). Durch ihre Schönheit und die Vielfalt der Blütenformen begeistern sie die meisten Menschen. Mit ca. 25.000 Arten ist die Familie der Orchideengewächse (Orchidaceae) nach den Korbblütlern (Asteraceae) die artenreichste Pflanzenfamilie. Die meisten Orchideenarten sind in den Tropen und Subtropen heimisch und bilden dort teilweise stattliche Formen aus. Doch auch in Europa trifft man einige Vertreter der Familie an. Insbesondere das Mittelmeergebiet ist für die licht- und wärmeliebenden Pflanzen ein Verbreitungsschwerpunkt. Hier wachsen sie bevorzugt auf offenen und ungedüngten Kalkflächen.

Während Orchideen bei uns vor allem im Frühsommer blühen, haben sie im Mittelmeerraum ihre Hauptwachstumszeit in der Regel vom Spätherbst bis in den Frühling. In einem sehr trockenen Winter kann eine ganze Vegetationsperiode übersprungen werden. Dann bilden die Pflanzen erst im darauffolgenden Jahr wieder neue Triebe und Blüten aus.

Die sommertrockene Zeit überdauern Orchideen mit unterirdischen Speicherorganen. Diese haben im Fall der Gattung Orchis die Form von zwei rundlichen, an Hoden erinnernde Knollen, die ihnen ihren Gattungsnamen (Orchis = Hoden) gaben. Bei anderen Orchideen sind die Speicherorgane fingerförmig geteilt.

Bild: K. Grund

Wer suchet, der findet - Orchideen.

Orchideen weisen kelchblattlose Lippenblüten auf, deren Blütenstiel meist um 180° gedreht ist. In der zwittrigen Blüte ist der ebenfalls gedrehte Fruchtknoten unterständig, d.h. er sitzt unter den Blütenblattkreisen. Die männlichen und weiblichen Geschlechtsorgane der Pflanze sind zu einer Fortpflanzungssäule vereinigt. Diese enthält im unteren Teil die Narbenhöhle, im oberen Teil zwei Pollinien, in denen die Pollen zu Paketchen zusammengeklebt sind. Diese klebrige Pollenmasse ermöglicht eine effektive Verbreitung der Pollen durch Insekten, indem die Pollenpakete der meist sehr intensiv riechenden Blüten an bestimmten Stellen des Insektenkörpers kleben bleiben und so zur nächsten Blüte transportiert werden. Nach der Befruchtung entwickeln sich Kapselfrüchte, welche jeweils bis zu 600.000 winzige Samen beherbergen, die wie Staub vom Wind verbreitet werden. Bis zur vollen Entwicklung einer blühfähigen Pflanze bedarf es oft vieler Jahre, denn anders als anderen Samen fehlt den Orchideensamen Nährgewebe. Daher benötigen sie für ihre Entwicklung geeignete Wurzelpilze, die ihnen die notwendigen Nährstoffe liefern.

Orchideengattungen werden je nach Gestalt des Blütenstandes, der Blütenform und der Blütenfarbe sowie der Zeichnung der Lippe unterschieden. Die wichtigsten Vertreter auf Tilos sind Orchideen der Gattungen **Hundswurzen** (Anacamptis), Ragwurzen (Ophrys), **Knabenkräuter** (Orchis) und **Zungenstendel** (Serapias).

Bild: W. Kaufmann

Gelbe Ragwurz (Ophrys sicula).

Bild: G. Sachse

Pyramidenorchis (Anacamptis pyramidalis).

Insgesamt kommen auf Tilos rund 25 Orchideenarten vor. Die wohl am leichtesten zu entdeckende ist die Pyramidenorchis (Anacamptis pyramidalis). Ihre Blütenstände leuchten in roten, rosa und hellen Varianten zwischen den dornigen Kugelbüschen der Phrygana. Charakteristisch für diese Art sind zwei deutlich sichtbare Leisten am Grund der dreilappigen Lippe. Diese weisen langrüsseligen Insekten den Weg zum Sporneingang, die dann auf dessen Grund, wie bei den meisten Arten, vergeblich nach dem erwarteten Nektar suchen.

Orchideen der Gattung Ragwurz sind auf Tilos am häufigsten anzutreffen. Sie fallen aber durch ihre geringe Größe kaum auf. Eine Artbestimmung ist zudem äußerst schwierig, denn ein wesentliches Bestimmungsmerkmal, wie z.B. Unterschiede im Mal der Lippe, ist nur dem geübten Auge offenbar. Eine Fundgrube für Ophrys-Arten sind die aufgelassenen Terrassen. Hier findet man auch die unverwechselbare zierliche Gelbe Ragwurz (Ophrys sicula); ihre dreilappige Lippe ist häufig rundlich und weist einen breiten gelben Rand auf, der ein braunes Mittelfeld umschließt.

Ragwurz-Arten haben sogenannte Täuschblüten, deren Lippen in täuschender Weise in Form und Farbe an bestimmte Insekten erinnern. Besonders Wildbienenmännchen und Männchen bestimmter Wespenarten werden optisch durch Zeichnung und Behaarung zur Bestäubung angelockt. Ein noch wichtigeres Signal ist der Blütenduft, der die Sexuallockstoffe der Bestäuberweibchen imitiert und im allgemeinen derart spezifisch ist, dass die einzelnen Ragwurzarten nur von bestimmten Bestäuberarten besucht werden. Bei Kontakt mit den behaarten Lippen werden die Männchen zu Scheinkopulationsbewegungen ohne Spermaabgabe veranlasst. Dabei nehmen sie Pollenpakete auf, mit denen sie weitere Blüten bestäuben können.

Die Variabilität der Lippenmale, das Vorkommen von Hybriden (Bastardbildung zwischen zwei Arten innerhalb einer Gattung) sowie die Probleme der Artabgrenzung sind selbst für erfahrene Orchideenkenner eine Herausforderung. Dennoch wurde auf Tilos 1998 von Hannelore Spaeth und Monika Hirth eine neue Art entdeckt, mit deren Namen die Entdeckerinnen die Insel ehren möchten: Bei der Tilos-Ragwurz (Ophrys tili) handelt es sich um eine zierliche Ragwurz, die ca. 22,5 cm hoch wird. Ihre Kronblätter sind dunkelrosa, die Lippe ist ganzrandig bis dreilappig und rotbraun mit gelbbraunem Haarkranz. Die Höcker sind kräftig, mäßig lang und nach vorne gerichtet. Da Tilos bisher das einzige bekannte Verbreitungsgebiet ist, spricht vieles dafür, dass es sich hierbei um eine endemische Pflanzenart handelt. Ophrys tili ist nach Meinung der Entdeckerinnen für Tilos sehr charakteristisch und trotz Regenmangel und Überweidung noch häufig anzutreffen.

Bild: Scherf

Tilos-Ragwurz (Ophrys tili).

Eine genaue Beschreibung der Art findet sich in der Publikation „Beitrag zur ostägäischen Orchideenflora der Inseln Chalki, Nisyros, Pserimos und Tilos", die 2010 im Journal Europäischer Orchideen erschienen ist.

Die Mannigfaltigkeit der Orchideenarten auf Tilos begeistert nicht nur den Orchideenliebhaber, sondern stellt der Insel gleichzeitig ein gutes Zeugnis über den ökologischen Zustand der verschiedenen Biotope aus. Denn Orchideen sind Zeigerpflanzen, die empfindlich auf Umweltveränderungen reagieren. Das anderswo so häufig beobachtbare schleichende Verschwinden einzelner Orchideenarten, das sowohl die Artenzahl als auch die Individuendichte betrifft, signalisiert jeweils eine Verschlechterung des Biotops. Negative Faktoren wie zunehmender Wassermangel, erhöhter Nährstoffeintrag, übermäßiger Fraßdruck durch eine überhöhte Ziegen- und Schafspopulation oder unkontrollierte Bebauung könnten jedoch in den kommenden Jahren auch für den Orchideenbestand auf Tilos – und nicht nur für diesen - zu einer ernsthaften Bedrohung werden.



## Posidonia

In den lichtdurchfluteten flachen Buchten von Tilos wächst auf sandigen Meeresböden in Küstennähe ein dichter Dschungel aus Seegras. An den Stränden von Tilos deuten angespülte Pflanzenreste aus zerfaserten Blättern, die verfilzte Kugeln bilden, auf seine Verbreitung hin.

Auf den Bezug zum Meer weist auch die Bezeichnung **„Neptungras"** sowie der botanische Name des **Seegrases** (Posidonea oceanica), hin, der auf den griechischen Meeresgott Poseidon zurückgeht. Als einzige Blütenpflanze in der Ägäis ist die Art mit einem kriechenden Wurzelstock, Laubblättern und Blütenständen zu einem Meeresbewohner geworden.

Die bis zu 50 cm langen und 1 - 2 cm breiten bandförmigen Blätter von Posidonia bilden flächendeckende Seegraswiesen von herausragender ökologischer Bedeutung für das mediterrane Ökosystem aus. Bis in 40 m Tiefe reichert Posidonea das Meerwasser durch Photosynthese mit Sauerstoff an, befestigt die Sedimente und bietet einer artenreichen Fischflora Nahrung und Schutz für die Entwicklung.

Die im Mittelmeer verbreiteten Seegraswiesen sind jedoch in ihrem Bestand gefährdet. Zum einen geht die Gefährdung von der fortschreitenden Gewässereutrophierung aus, woraus eine massenhafte Vermehrung von Algen resultiert, die wiederum eine Trübung des Meerwassers zur Folge hat und damit die Photosyntheseleistung des Seegrases herabsetzt. Zum anderen verdrängt die tropische Alge Caulerpa, die sich durch eine Erhöhung der Meerestemperatur immer weiter ausbreitet, das Seegras vom Meeresboden. Beide Arten stehen in direkter interspezifischer Konkurrenz um Nährstoffe und Licht.

Nur wenn es gelingt, die Posidoniawiesen dauerhaft zu schützen, wird auch in Zukunft in den Gewässern von Tilos Artenvielfalt und Fischreichtum garantiert sein.

Hinweis: Weitere auf Tilos vorkommende Pflanzenarten und ihre Besonderheiten sind bei der Beschreibung der Wanderung (insbesondere bei den naturkundlichen Wanderungen) erwähnt.

Bild: G. Sachse

Seegraswiesen in flachen Buchten: Garant für artenreichen Fischnachwuchs.

Bild: G. Sachse

# Die Tierwelt

# Tilos - Vogelwelt

Aufgrund seiner geographischen Lage ist Tilos im Frühjahr und Herbst ein wichtiges Rastgebiet für verschiedene Vogelarten, die auf dem Weg zwischen ihrer Sommer- und Winterheimat an der Westküste der Türkei und den östlichen Ägäischen Inseln durchziehen. Dabei folgen die Vögel vermutlich einer Route, die sie über die Inseln Kreta, Karpathos, Rhodos, Chalki, Tilos, Nisyros und Kos führt.

Im Rahmen eines von 2004 bis 2008 durchgeführten LIFE-Projekts der Europäischen Union (siehe dazu auch S. 120/121) wurde unter anderem ein Monitoring des Vogelbestandes auf Tilos durchgeführt. Dabei konnten insgesamt 155 Vogelarten als Standvögel oder Durchzügler nachgewiesen werden, darunter 46 Arten, die als gefährdet gelten.

Einige Arten, die während des Frühjahrszuges auf Tilos beobachtet werden können, sind **Eisvogel** (Alcedo atthis), **Bienenfresser** (Merops apiaster), **Kurzzehenlerche** (Calandrella brachydactyla) und **Halsbandschnäpper** (Ficedula albicollis). Im Herbst ziehen **Rohrweihe** (Circus aeruginosus), **Seidenreiher** (Egretta garzetta), **Felsentaube** (Columba livia) und **Rotkopfwürger** (Lanius senator) über Tilos und nutzen die Insel als Rastgebiet.

Bild: G. Sachse

Bienenfresser (Merops apiaster).

Daneben sind zahlreiche (weitaus häufigere) Vogelarten als Stand- und Brutvögel auf Tilos anzutreffen, so etwa das **Chukarhuhn** (Alectoris chukar cypriotes), **Steinschmätzer** (Oenanthe oenanthe), **Mittelmeer-Steinschmätzer** (Oenanthe hispanica), **Blaumerle** (Monticolar solitarius), **Nebelkrähe** (Corvus corone cornix), **Gelbschnabel-Sturmtaucher** (Calonectris diomedea), **Samtkopfgrasmücke** (Sylvia melanocephala) und **Steinkauz** (Athene noctua).

Eine Besonderheit der Insel ist die große Konzentration von Vogelarten, die in Anhang 1 der Vogelschutzrichtlinie gelistet sind und damit als besonders schützenswert gelten. Dazu zählen **Mittelmeer-Krähenscharbe** (Phalacrocorax aristotelis desmarestii), **Adlerbussard** (Buteo rufinus), **Habichtsadler** (Hieraaetus fasciatus), **Eleonorenfalke** (Falco eleonorae), **Wanderfalke** (Falco peregrinus), **Korallenmöwe** (Larus audouinii), **Olivenspötter** (Hippolais olivetorum), **Blauracke** (Coracias garrulus) und **Grauortolan** (Emberiza caesia).

Bild: G. Sachse

Samtkopfgrasmücke (Sylvia melanocephala).

Bild: G. Sachse

Blauracke (Coracias garrulus).

Tierwelt

Für einige der oben genannten Arten ist Tilos ein wichtiges Brutgebiet; andere nutzen die Insel zu Zugzeiten wiederkehrend als Rastgebiet. Dies belegt die ökologische Bedeutung der Insel. Dass aber das Überleben vieler Arten nicht allein von der Situation auf Tilos abhängt, sondern auch davon, welche Bedingungen die Vögel auf ihrem gesamten Zug vorfinden, zeigt das Beispiel der Blauracke. So wurden bei Kartierungen in den Jahren 1996/97 noch 10 bis 30 Brutpaare der Art auf Tilos nachgewiesen. Rund zehn Jahre später dann, im Rahmen des Vogelmonitorings in dem o.g. EU-LIFE-Projekt, schätzten die Ornithologen den Bestand auf der Insel auf nur noch 7 bis 12 Paare – bei mehr oder weniger gleichen ökologischen Bedingungen vor Ort.

Einer der Hauptgründe für die Vielzahl an (seltenen) Vogelarten ist das Jagdverbot auf Tilos, das erstmalig für den Zeitraum 1993 bis 1994 verhängt und danach in regelmäßigen Abständen bis heute (2013) erneuert wurde. Damit herrscht nunmehr seit 20 Jahren ein Jagdbann auf der Insel, so dass sich die Vogelwelt ungestört entwickeln konnte (siehe dazu auch Kapitel Jagdbann (S. 112ff).

Bild: G. Sachse

Steinschmätzer (Oenanthe oenanthe).

## Mittelmeer-Krähenscharbe

Krähenscharben sind reine Meeresvögel und erscheinen nur ausnahmsweise tiefer im Binnenland. Im Aussehen ähneln sie Kormoranen, sind aber kleiner und vor allem deutlich schlanker. Ihr abgeflachter Schnabel endet mit einem Haken, was ihnen beim Fischen im freien Meer hilft.

Neben der Nominatform Phalacrocorax aristotelis aristotelis unterscheidet man bei Krähenscharben zwei Unterarten[3], nämlich die den Nordwesten Afrikas besiedelnde Unterart Ph. aristotelis riggenbachi und die Mittelmeer-Krähenscharbe (Ph. aristotelis desmarestii), die auch auf Tilos heimisch ist. Krähenscharben sind keine Zugvögel, sondern bleiben in der weiteren Umgebung ihrer Brutplätze oder unternehmen Zerstreuungswanderungen, die sie in ganz unterschiedliche Richtungen führen. Ringfunde belegen, dass sie dabei über 1.000 km zurücklegen können.

Von ca. 10.000 Paaren im mediterranen Bereich leben zwischen 1.000 und 2.000 in Griechenland. Auf Tilos wurden 15 bis 30 Paare gezählt. Krähenscharben sind vor allem in der von Dezember bis März dauernden Brutzeit störungsanfällig. Auf Tilos finden sie in dieser Zeit die notwendige Ruhe. Zudem verfügt die Insel über ausreichend Klippen und Felswände, an denen sie ihre Nester bauen können.

Zu beobachten sind die Krähenscharben auf Tilos am besten bei einer für Kormoranarten typischen Handlung: dem Trocknen ihres Federkleides. Anders als die meisten anderen Wasservögel fetten Kormorane ihr Gefieder nicht ein, sodass beim Schwimmen und Tauchen die Federn durchnässen. Aufgrund ihrer Struktur saugen die Federn das Wasser sogar besonders gut auf. Dies hilft beim Tauchen, denn mit vollgesogenem Gefieder nimmt die Dichte des Körpers zu und so kann dieser leichter unter Wasser gehalten werden. Dadurch erreichen die Vögel mit weniger Aufwand größere Tiefen. Nachteilig aber ist, dass das eindringende Wasser eine unmittelbar an der Körperoberfläche sitzende Luftschicht, die als Isolationsschicht dient, zusammendrückt. Deshalb müssen die Tiere nach dem Tauchgang ihr Gefieder wieder trocknen, um einen zu großen Wärmeverlust zu vermeiden. Hierfür schütteln sie zunächst den größten Teil des Wassers aus dem Gefieder und suchen dann einen exponierten Platz auf, an dem sie Schwanz und Flügel weit auffächern, damit Körper und Federn schneller trocknen können.

[3] http://de.wikipedia.org/wiki/Kr%C3%A4henscharbe
http://avibase.bsc-eoc.org/species.jsp?lang=DE&avibaseid=EF534F52D3CAA9A3&sec=summary

## Habichtsadler

Habichtsadler gehören mit einer Flügelspannweite von 145 bis 180 cm zu den mittelgroßen Adlern. Die Art ist sehr agil und ernährt sich von mittelgroßen Vögeln wie etwa Felsentauben und Chukarhühnern. Diese jagt der Habichtsadler im Kulturland, vorzugsweise aber in Strauch- und Steppengebieten. Habichtsadler kreisen oft sehr hoch und können dann mit angelegten Flügeln aus großer Höhe herabstoßen, um ihre Beute zu greifen. Häufig gleiten sie aber auch auf ihren Suchflügen dicht an Felswänden entlang und nutzen dabei die Aufwinde. Bei leichtem Gegenwind können sie in der Luft mit rüttelnden Bewegungen der Schwingen regelrecht stehen bleiben. Ebenso spielt die Ansitzjagd beim Nahrungserwerb eine Rolle. Außerdem können Habichtsadler ihre Beute auch dicht über dem Boden verfolgen.

Die Artbestimmung allein nach Farbmerkmalen ist nicht ganz einfach. Die Altvögel tragen allerdings eine im Flug gut zu erkennende Farbverteilung, die die Bestimmung erleichtert: Der Unterkörper ist, ebenso wie die Flügelvorderkante, hell; ein breites, dunkles Band säumt diese hellen Partien. Die Jungvögel hingegen sind am Körper mehr rotbraun gefärbt. Beim Gleiten und Segeln werden die Flügel, die an den Spitzen adlerartig gefingert sind, waagerecht gehalten.

Der europäische Brutbestand des Habichtsadlers gilt als sehr gefährdet. Hauptgrund hierfür ist die Veränderung des Lebensraums, insbesondere der Verlust an trockenem Grasland und der typischen mediterranen niedrigen Strauchvegetation. Auch Stromtod, illegale Verfolgung und Störungen an den Nistplätzen spielen eine Rolle.

Bild: A. Limbrunner

Habichtsadler (Hieraaetus fasciatus).

Von ca. 1.000 Brutpaaren in Europa leben 85 bis 100 Paare in Griechenland. Allein auf Tilos sind sie mit vier bis fünf Brutpaaren vertreten - eine erstaunlich hohe Populationsdichte für eine derart kleine Insel. Doch dank des generellen Jagdbanns, der bereits seit 1993 auf Tilos besteht, haben sich auch die Beutetiere des Habichtsadlers stark vermehrt. Insbesondere die Chukarhühner, die mit lautem Flügelschlag und Warnrufen vor dem Wanderer auffliegen, stellen auf Tilos die Nahrungsgrundlage dieser großen Greifvögel dar. Bleibt zu hoffen, dass in Zukunft auch auf den benachbarten Inseln ein Umdenken in Sachen Jagd erfolgt, damit sich diese seltene Art wieder ausbreiten kann.

Mit etwas Glück kann man bei einer Wanderung auf Tilos einen Habichtsadler im Flug beobachten. Besonders hoch ist die Wahrscheinlichkeit in der Nähe des Kloster Agios Panteleimonas und auf Wanderunq 10 durch den südöstlichen Inselteil.

## Chukarhuhn

Das Chukarhuhn kommt vom südöstlichen Balkan über Vorder- und Innerasien bis zur Mandschurei vor. In Nordamerika, auf Hawaii sowie Neuseeland und in Südafrika wurde es – vermutlich vor allem zu Jagdzwecken - eingeführt.

Innerhalb seines Verbreitungsgebietes hat sich eine Vielzahl von Unterarten ausgebildet. In Europa kommt die Unterart cypriotes vor, die in Bulgarien, auf den Ägäischen Inseln, Kreta, Rhodos und in Kleinasien beheimatet ist. Die Nominatform A. c. chukar lebt dagegen im östlichen Afghanistan, Kaschmir und dem Himalaja bis ins westliche Nepal. Der Artname „chukar" stammt aus dem Hindi und wurde später von den Engländern übernommen. Vermutlich bezieht sich die Bezeichnung auf den typischen Ruf der Art (tschuk-tschuk, sich steigernd bis tschukarr).

Stein- und Chukarhuhn sind nur schwer auseinanderzuhalten. So wurden Steinhuhn (A. graeca) und Chukarhuhn früher als eine Art beschrieben.

Inzwischen aber werden sie als jeweils eigenständige Art angesehen. Ausschlaggebend für die trennende Einordnung war insbesondere das sehr unterschiedliche Stimmrepertoire der beiden Arten.

Das Chukarhuhn bewohnt trockene und halbtrockene Gebiete von Tiefebenen ebenso wie Hügelland und Hochgebirge mit niedriger Vegetation und steinigem Boden. Auch in extensiv genutztem Kulturland trockener und mediterraner Landschaften sind die Vögel anzutreffen. Bevorzugt werden sonnige Hänge mit kleinen Sträuchern, Felsen oder Steinhalden. Dicht mit Bäumen bestandene Flächen werden hingegen gemieden. Chukarhühner fressen Triebe, Wurzeln und Samen von krautigen Pflanzen und Gräsern. Bei der Jungenaufzucht spielen auch kleine Insekten und andere Kleintiere eine Rolle.

Gilt die Art in Europa als gefährdet – insbesondere die Jagd hat dem Bestand stark zugesetzt – so findet das Chukarhuhn zumindest auf Tilos in der Phrygana und den inzwischen aufgelassenen und locker verbuschten Terrassen noch idealen Lebensraum. Hinzu kommt der seit vielen Jahren bestehende Jagdbann, sodass die Art sich ungestört vermehren kann. Die einzige Gefahr stellen Habichtsadler und andere große Greifvögel dar, für die die leicht zu erbeutenden Hühnervögel im wahrsten Sinne des Wortes ein „gefundenes Fressen" sind.

Auf Tilos wie in ihrem gesamten Verbreitungsgebiet sind Chukarhühner Standvögel. Deshalb kann sie der Wanderer das ganze Jahr über auf der Insel antreffen.

Bild: A. Limbrunner

Chukarhuhn
(Alectoris chukar cypriotes).

## Adlerbussard

Neben dem Habichtsadler profitiert mit dem Adlerbussard noch eine weitere Greifvogelart von der hohen Beutetierdichte auf Tilos, denn auch dieser ernährt sich von kleinen und mittelgroßen Säugetieren wie Ratten und Kaninchen. Zudem jagt die Art Reptilien und Kleinvögel, ebenso Chukarhühner.

Wie fast alle Bussarde weist der Adlerbussard lange und breite, am Ende gefingerte Schwingen und einen relativ kurzen Schwanz auf. Adlerbussarde sind etwas größer als Mäusebussarde und durch die längeren Flügel gut von diesen zu unterscheiden. Auch der lateinische Artname „rufinus" (rufino: lateinisch rothaarig) gibt einen Hinweis auf das Aussehen. Im Gesamteindruck beherrschen beige und rostrote bis rostbraune Farbtöne das Gefieder. Als ausgesprochene Gleit- und Segelflugjäger sind Bussarde vor allem bei der Jagd auf offene und mit nicht zu hoher Vegetation bestandene Landschaften angewiesen. Damit bietet Tilos dem Adlerbussard idealen Lebensraum.

Nur 20 % der gesamten Adlerbussard-Population lebt in Europa. Der restliche Bestand verteilt sich auf Nordwestafrika, den Nahen Osten und Zentralasien. Ein Großteil des europäischen Vorkommens, das auf 250 bis 350 Tiere geschätzt wird, findet man auf der Balkanhalbinsel. In Mitteleuropa erscheinen Adlerbussarde nur als Ausnahmegäste. Von den rund 150 Paaren, die in Griechenland nachgewiesen wurden, leben sechs bis acht Brutpaare auf Tilos.

Bild: G. Sachse

Adlerbussard (Buteo rufinus).

Aufgrund ähnlicher Faktoren wie beim Habichtsadler gilt auch der Adlerbussard in Europa als gefährdet.

## Eleonorenfalke

Namensgebend für die Art war die sardische Fürstin Eleonora von Arborea (1350 – 1404). Sie erließ, vermutlich als erste Gesetzgeberin, Vorschriften zum Schutz von Greifvögeln: In ihrem Reich war die Entnahme von Jungvögeln aus Nestern verboten. Als der Turiner Zoologe Giuseppe Gené 1839 eine neue Falkenart beschrieb, benannte er sie zu Ehren dieser Fürstin eleonorae.

95 % des weltweiten Eleonorenfalkenbestandes lebt in Europa und brütet fast ausschließlich auf felsigen Inseln und Steilküsten im Mittelmeergebiet. Nach Westen hin reicht das Verbreitungsgebiet bis an die Atlantikküste und die Kanarischen Inseln. Über den Weltbestand der Art liegen unterschiedliche Zahlen vor. Im Jahr 2008 schätzte die Weltnaturschutzorganisation IUCN den Brutbestand auf etwa 6.000 Brutpaare[4]. Seit Januar 2008 liegen jedoch die Ergebnisse einer griechenlandweiten Bestandserfassung mit einem spektakulären Ergebnis vor[5]: Insgesamt wurden während der Brutzeiten von 2004 – 2006 fast 18.000 Individuen gezählt. Die Verfasser schätzen den Brutbestand in Griechenland auf etwa 13.000 Paare, also auf rund das Doppelte der bisher angenommenen Weltpopulation. Möglicherweise beherbergt Griechenland somit fast 90 Prozent davon. Auf Tilos und den umgebenden Inseln brüten schätzungsweise 500 bis 600 Paare.

Interessant ist auch die Ökologie der Art: Eleonorenfalken überwintern ab Oktober auf Madagaskar. Ab April treffen sie in ihren Brutgebieten ein; die Brut selber beginnt aber erst ab Mitte Juli bis Ende August. So können die Nestlinge mit durchziehenden Singvögeln ernährt werden.

Außerhalb der Vogelzugzeiten bilden große Fluginsekten die Hauptnahrung des Eleonorenfalken. Gelegentlich werden auch Fledermäuse, Eidechsen, Skorpione und Tausendfüßler erbeutet. Die Art jagt fast ausschließlich im Flug; Insekten werden in der Luft gefangen und verspeist, Vögel zu einem Ruheplatz getragen und dort gerupft. Eleonorenfalken sind flexible Jäger, die ihre Fangstrategien dem herrschenden Angebot anpassen. Sie können bis in die späte Dämmerung jagen, in hellen Mondnächten auch noch in der Nacht. In der Vogelzugzeit werden Nachtzieher

[4] http://www.iucnredlist.org/apps/redlist/details/144564/0
[5] http://de.wikipedia.org/wiki/Eleonorenfalke#cite_note-32 Dimalexis et al

abgefangen, bevor sie zur Tagesrast niedergehen. Oft jagen Eleonorenfalken in kleinen Gruppen. Dabei stehen sie in recht großer Höhe von 1.000 Metern und mehr über dem Meer und stoßen beim Anblick durchziehender Vogelschwärme auf diese herab. Sie patrouillieren auch im wassernahen Suchflug über dem Meer, wenn die Wetterbedingungen die Zugvögel zu niedrigerem Fliegen zwingen.

Auf Tilos sind Eleonorenfalken von Anfang Mai bis Ende Oktober zu beobachten – unter anderem auf der Naturkundlichen Wanderung 1.

Bild: J. Schneider

Eleonorenfalke (Falco eleonorae).



## Korallenmöwe

Vor rund 35 Jahren wurde der Weltbestand der Korallenmöwe auf nur 1.000 Paare geschätzt. Inzwischen haben die Bestände vor allem im westlichen Mittelmeerraum stark zugenommen, so dass man heute von 21.500 Paaren weltweit ausgeht. Ein Großteil des Weltbestands lebt in Europa, davon 65 % im Ebro-Delta (Spanien). Der starke Zuwachs ist vermutlich auf die Ausweisung von Schutzgebieten im Mittelmeerraum zurückzuführen. Ein weiterer Grund könnten aber auch die vermehrten Rückwürfe gefangener Fische sein, die der Art als Nahrung dienen[6].

[6] 2010. Larus audouinii. In: IUCN 2011. IUCN Red List of Threatened Species. Version 2011.1. <www.iucnredlist.org>. Downloaded on 09 August 2011.

Untersuchungen der Griechischen Ornithologischen Gesellschaft (Hellenic Ornithological Society - HOS) zufolge leben in der Ägäis etwa 600 Paare der Art, meist in kleineren Kolonien. Die besten Brutplätze findet die Korallenmöwe auf kleinen, unbewohnten Felseninseln. Auch auf Tilos und den umliegenden Inseln brüten einige Paare.

Bild: EuroNatur

Korallenmöwe (Larus audouinii).

## Amphibien und Reptilien

Die aufgelassenen Terrassen, die zerfallenden Legesteinmauern und die leer stehenden Häuser in den Geisterdörfern Gera und Mikro Chorio bieten idealen Lebensraum für Reptilien.

Im Herbst 2004 und im Frühjahr 2005 führte Mario Broggi gezielte Untersuchungen zur Herpetofauna auf Tilos durch. Die Ergebnisse der Untersuchungen wurden im Juni 2006 im Fachjournal Herpetozoa veröffentlicht. Demnach konnten acht Reptilienarten auf der Insel festgestellt werden. Das Vorkommen einer neunten Art, der **Kaspischen Sumpfschildkröte** (Mauremys rivulata), ist möglicherweise die Folge einer Aussetzung.

Die Anzahl der auf Tilos vorkommenden Reptilienarten ist vergleichsweise gering, wurden doch auf der Nachbarinsel Symi bei ungefähr gleicher Inselgröße fünf Reptilienarten mehr nachgewiesen. Der Grund dafür ist vermutlich in der relativ isolierten Lage von Tilos zu finden: die Insel liegt 20 km vom türkischen Festland entfernt (Symi nur sieben bis acht km), und die Distanz zu Rhodos beträgt etwa 60 km.

Laut Fachliteratur soll es mit der **Wechselkröte** (Bufo viridis) und dem **Wasserfrosch** (Rana bedriagae) auch zwei Amphibienarten auf Tilos geben. Dies wurde von Inselbewohnern in Gesprächen bestätigt. Entsprechende Vorkommen konnten jedoch von Broggi im Feld nicht nachgewiesen werden. Es ist daher davon auszugehen, dass beide Arten entweder nur sehr vereinzelt oder sogar überhaupt nicht mehr auf Tilos zu finden sind, was vermutlich auf den Lebensraumverlust zurückzuführen ist. Beide Arten sind als hygrophile Arten auf Wasser angewiesen. Die zwei einzigen Feuchtgebiete aber, die es auf der Insel gab, wurden zerstört. Hinzu kommt, dass kein dauerhaftes Fließ- oder Oberflächengewässer auf Tilos vorhanden ist. Alle Quellen der Insel sind gefasst und viele Zisternen, die zur Sammlung von Regenwasser gebaut wurden, verfallen oder sind vollkommen geschlossen angelegt, um eine übermäßige Verdunstung des Wassers zu verhindern. Das große Wasserrückhaltebecken in der Ebene von Eristos (hier wurde übrigens die Kaspische Sumpfschildkröte beobachtet) ist als Laichgewässer für Amphibien ungeeignet. Hinzu kommt noch, dass das Becken seit mehreren Jahren leer ist.

Trotz der vergleichsweise geringen Anzahl der Reptilien gibt es dennoch bei Wanderungen über die Insel immer wieder Beobachtungsmöglichkeiten. Am häufigsten ist vermutlich - auch aufgrund seiner Größe - der **Hardun** (Laudakia stellio; Syn.: Agama stellio) zu sehen. Weitere Arten, die sich mit etwas Glück leicht entdecken lassen, sind das **Europäische Schlangenauge** (Ophisops elegans) und der **Ägäische Nacktfinger** (Mediodactylus kotschyi; Synonym: Cyrtopodion kotschyi steindachneri).

Genauer hinsehen und gezielter nachsuchen muss man, will man die **Johannisechse** (Ablepharus kitaibelii), den **Europäischen Halbfinger** (Hemidactylus turcicus), die **Südwestanatolische Eidechse** (Anatololacerta oertzeni pelasgiana), die **Pfeilnatter** (Coluber jugularis) oder die **Kleinasiatische Bergviper** (Montivipera xanthina) entdecken. Einige der Arten wurden von Broggi 2004/2005 das erste Mal für Tilos nachgewiesen.

Bild: G. Sachse

Jungtier der Pfeilnatter (Coluber jugularis).

Hardun (Laudakia stellio; Syn.: Agama stellio).

Bild: C. Sachse

Der Hardun, auch **Schleuderschwanz** genannt, ist eine Echse aus der Familie der Agamen. Das auf Tilos weit verbreitete, 30 bis 35 cm große grauschwarze Reptil erinnert an einen kleinen Drachen. Meist sonnen sich die Tiere auf den Kalkfelsen oder huschen nach drohendem Kopfnicken in ihre Verstecke. Werden sie trotz ungestümer Flucht gestellt und gefangen, reagieren sie sehr wehrhaft, indem sie kratzen und kräftig zubeißen. Mit etwas Ruhe und Geduld lassen sich die Hardune aber gut beobachten und fotografieren.

Ihre bevorzugte Nahrung besteht aus Grillen, Käfern und Heuschrecken, aber auch kleinere Eidechsen und Jungmäuse werden gelegentlich, ebenso wie Pflanzenteile, verzehrt. Hardune leben meist in Gruppen mit einem dominanten Männchen, einigen rangniederen Männchen, mehreren Weibchen und halbwüchsigen Jungtieren. Die Weibchen werden in der Regel alle von dem ranghöchsten Männchen begattet und legen dann je acht bis zehn Eier.

Etwas weniger auffällig, aber dennoch häufig zu beobachten ist das Europäische Schlangenauge, eine schlanke Eidechse aus der Gattung der Schlangenaugen-Eidechsen. Namengebend für die Gattung war, dass die Augenlider der Tiere, ähnlich wie bei Schlangen, zusammengewachsen sind und als durchsichtige Schicht über den Augen liegen; die

Echsen schauen also praktisch durch die geschlossenen Lider hindurch.

Die Art wird bis zu 18 cm lang, wobei etwa zwei Drittel der Länge auf den Schwanz entfallen. Die Grundfärbung ist entweder grau oder braun, bei Männchen an den Flanken je nach Unterart orange, grün oder bläulich. Vor allem Kehle und Halsregion weisen während der Paarungszeit eine leuchtend orangene, gelbe oder gelbgrüne Färbung auf. Über die Rückenseiten verlaufen zwei helle Streifen (bei Jungtieren vier klare Linien). Wie bei den meisten Reptilienarten sind die Weibchen weniger bunt gefärbt. Über Rücken und Flanken ziehen sich bei beiden Geschlechtern mehrere Reihen aus kleinen dunklen Punkten hin, die mal mehr, mal weniger deutlich hervortreten. Zum Schwanz hin können die Punkte zu Streifen verschmelzen.

Das Schlangenauge lebt in trockenen, von kleineren Büschen und Steinhaufen durchsetzten Wiesen. Als Jagdansitz, Sonn- und Ruheplatz dienen frei stehende Felsen oder Steine.

Auf dem Speiseplan der Art stehen vor allem kleine Spinnentiere, Insekten und andere Wirbellose. Eine Besonderheit ist, dass die Tiere selbst in der prallen Mittagssonne auf erwärmten Steinen oder Felsen sitzen können, um nach Feinden und Nahrung Ausschau zu halten. Dabei schützen sie sich durch weites Öffnen des Mauls und abwechselndes Anheben der Extremitäten vor Überhitzung.

Vor allem in Steinmauern ist der Ägäische Nacktfinger anzutreffen. Mit nur acht cm Länge ist er eine vergleichsweise kleine Geckoart. Nacktfinger können ihre Farbe innerhalb von wenigen Minuten durch die Veränderung der Lage von Pigment-Molekülen verändern. Durch diesen Vorgang, der physiologischer Farbwechsel genannt wird, changiert die Grundfarbe der Art zwischen schwarzen, grauen, gelblichen, rotbraunen und braunen Tönen. Über den Rücken verläuft ein Muster aus dunklen Querbinden, das mal mehr, mal weniger deutlich erscheint. Im Gegensatz zu anderen Geckoarten trägt der Nacktfinger an den Zehenspitzen keine Haftlamellen, sondern Krallen. Dennoch ist er in der Lage, an senkrechtem Gestein (etwa Felsen oder Hauswänden) geschickt zu klettern.

Europäischer Halbfinger (Hemidactylus turcicus turcicus).

Bild: G. Sachse

Wenngleich der **Europäische Halbfinger** (Hemidactylus turcicus turcicus) einer der am häufigsten vorkommenden Geckos im Mittelmeerraum ist, wurde er auf Tilos erstmals im Jahr 2004 offiziell nachgewiesen. Die Art lebt gerne in Häusern (daher auch die Bezeichnung „Hausgecko"), bevorzugt dann aber versteckte Plätze. So schlüpft der Europäische Halbfinger zum Schlafen in enge Spalten, die ihm sowohl Bauch- als auch Rückenkontakt bieten, so dass er nur schwer zu entdecken ist. Auch zum Sonnen sucht er sich stets schlecht einsehbare Plätze, und bei zu hohen Tagestemperaturen ziehen sich die Geckos in tiefere, feuchtere oder schattigere Ecken zurück.

Erwachsene Halbfingergeckos können eine Kopf-Rumpf-Länge von acht und eine Gesamtlänge von 15 cm erreichen. Die Haut wirkt je nach Untergrund und Lichteinfall sandfarben gelblich, rötlich oder dunkelbraun und weist dunkle, fast schwarze Flecken auf.

Den Erstnachweis der Johannisechse aus dem Jahr 1999 konnte Broggi bei seinen Feldstudien auf Tilos bestätigen. Die Johannisechse gehört zu den Skinken (Scincidae) und erreicht eine Körperlänge von etwa zehn bis 13,5 Zentimeter. Damit ist sie eine sehr kleine Skinkart. Ihr Körper ist zierlich schlank und lang gestreckt; dagegen hat sie sehr kurze Beine und einen relativ dicken Schwanz. Auffällig sind, wie bei den Schlangenaugen auch, die verwachsenen Augenlider, die an die Augen einer Natter erinnern und der gesamten Gattung (Ablepharus = Natternaugenskink) ihren Namen gegeben haben. Der Körper ist oberseits einfarbig metallisch-braun bis olivgrün und besitzt eine dunkle Sprenkelung, welche Längsstreifen auf dem Körper bildet. Die Seiten sind dunkelbraun, der Bauch gräulich.

Die Johannisechse ist tagaktiv und versteckt sich während ihrer Aktivitätsphasen vor allem in Laubstreu und unter flachen Steinen. Dort macht sie auch Jagd auf Insekten und kleine Schnecken. Sie ist ein typischer Bodenbewohner und vermeidet Kletteraktivitäten.

Auch das Vorkommen der Südwestanatolischen Eidechse wurde von Broggi bestätigt. Bei der auf Tilos lebenden Art handelt es sich um die Unterart pelasgiana, die auch die Inseln Symi, Nisyros und Rhodos einschließlich Pentanissos sowie das türkische Festland besiedelt. Die Südwestanatolische Eidechse ist eine kräftig gebaute und mittelgroße Eidechse, die eine Gesamtlänge bis 24 cm erreichen kann. Rücken und Flanken sind sehr variabel gefärbt: Sie können bräunlich, bräunlich-grünlich oder grünlich sein. Auf dieser Grundfarbe zeigen sich helle Flecken mit dunklem Rand oder ein mittel- bis dunkelbraunes Netzmuster. Der Bauch ist ungefleckt und hell. Die Kehle weist eine meist weißliche oder kräftig rotorangene bis rötliche, seltener auch grünliche Färbung auf. An der Abgrenzung vom Rücken zu den Flanken ist insbesondere bei Halbwüchsigen und Jungtieren ein Längsstreifen vorhanden; dieser kann durchgehend oder in Flecken aufgelöst sein. Jungtiere besitzen einen türkisblauen Schwanz und eine orangerote Kehle. Die Lebensräume der Art sind von Felsen geprägt und weisen Büsche sowie lichte Baumbestände auf. Auch lebt sie in Dörfern, Städten und Obstgärten. Ihre Hauptnahrung besteht aus Heuschrecken, Käfern und Spinnen.

Mit einer durchschnittlichen Länge von 1,50 m ist die Pfeilnatter eine verhältnismäßig große Natternart. Vereinzelt erreichen die Tiere bis zu 2,50 m Länge. Trotz ihrer Größe ist die Pfeilnatter jedoch schwer zu beobachten. Am besten stehen die Chancen am Morgen und am späten Nachmittag, wenn sie ausgiebige Sonnenbäder nimmt. Dabei ist die tagaktive Schlange aber immer hellwach und fluchtbereit; bei Annäherung eines Menschen verschwindet sie eilig und geräuschvoll ins nächste Gebüsch.

Die Pfeilnatter ist eine Bodenbewohnerin, welche aber auch gerne und hervorragend klettert. Ihre bevorzugten Lebensräume sind bewachsene Felshänge, trockenes Hügelland und Feldränder. Die Schlange ernährt sich von Mäusen, Kleinvögeln und Echsen, aber auch anderen Schlangen.

Entsprechend den Auskünften der Bevölkerung auf Tilos kommt die Kleinasiatische Bergviper (Montivipera xanthina) auf der Insel offensichtlich häufiger vor als die Pfeilnatter. Diese Vipernart erreicht eine durchschnittliche Körperlänge von bis zu einem Meter. Dabei bleiben die Weibchen mit oft nur 70 bis 90 cm Gesamtlänge häufig kleiner und sind zugleich massiger als die Männchen.

Die Grundfärbung der Kleinasiatischen Bergviper variiert von hellbraun oder hellgrau über ein rötliches Beige bis zu olivgrün. Über den Rücken zieht sich ein deutliches braunes oder schwarzes Zickzackband. Die Art ist an einen steinigen, meist sehr kalkhaltigen Untergrund gebunden. Sie bevorzugt vegetationsreiche Lebensräume mit einem großen Anteil an Büschen. Auch auf brachliegendem Ackerland, in Olivenhainen, Kulturwiesen und Geröllhalden ist sie zu finden.

Die Aktivität dieser Tiere ist, wie bei den meisten Schlangenarten Europas, sehr stark von der Außentemperatur abhängig. Sie sind meist nachtaktiv, wobei sie jedoch vor allem im Frühjahr und Herbst ihre Hauptaktivitätszeiten in die wärmeren Tageszeiten verlegen. Je nach Höhenlage und Klima kommt es zu einer bis zu sechs Monate dauernden Winterruhe, die zwischen Oktober und Dezember beginnt und bis März oder April reicht.

## Säugetiere

Auf Tilos selbst wurden - vermutlich aufgrund der geringen Größe der Insel, aber auch wegen mangelnder Lebensräume für größere Säugetiere - bisher nur Vorkommen von Kleinsäugern wie **Igel** (Erinaceus concolor), **Gartenspitzmaus** (Crocidura suaveolons), **Hausmaus** (Mus domestica) und **Wildkaninchen** (Oryctolagus cunicuculus) nachgewiesen.

Des Weiteren kommen verschiedene Fledermausarten vor. Eine genaue Untersuchung, um welche Arten es sich handelt, hat jedoch leider bisher nicht stattgefunden.

Doch auch in der Meeresregion um Tilos leben Säugetiere, zudem besonders interessante und seltene.

## Mittelmeer-Mönchsrobbe

Die **Mittelmeer-Mönchsrobbe (Monachus monachus)** gehört zu den geheimnisvollsten und seltensten Säugetieren Europas. Über die Lebensweise der Art ist immer noch wenig bekannt. Diese einst im gesamten Mittelmeer und den angrenzenden Meeren vorkommenden Robben sind heute stark gefährdet. So erklärte die Weltnaturschutzorganisation (IUCN) die Mittelmeer-Mönchsrobbe im Jahr 1985 zu einer der zwölf weltweit am meisten bedrohten Tierarten.

Bild: CBD-Habitat

Mittelmeer-Mönchsrobbe (Monachus monachus).

Ursprünglich besiedelten die Mönchsrobben ein weites Verbreitungsgebiet, welches das Schwarze Meer, das gesamte Mittelmeer und den Atlantik von Portugal über die Azoren, Madeira und die Kanaren bis Senegal umfasste. Die Bestände sind jedoch vor allem in den letzten 50 Jahren stark zusammengeschrumpft, so dass es heute nur noch zwei nennenswerte Verbreitungsschwerpunkte gibt – zum einen das östliche Mittelmeer bzw. die Ägäis und zum anderen die Küstenbereiche Nordwestafrikas im Mittelmeer und im Atlantik. Die heute noch lebenden Populationen machen nur noch einen Bruchteil des ursprünglichen Vorkommens aus. Nur in einigen Regionen, zum Beispiel im Meeresnationalpark „Nördliche Sporaden" (Griechenland) und im Ionischen Meer, kennt man durch langjährige Untersuchungen genauere Zahlen der dortigen Robbenpopulation. Gesicherte Zahlen über den aktuellen Gesamtbestand der Mittelmeer-Mönchsrobbe liegen dagegen nicht vor. Man geht jedoch davon aus, dass es weltweit nur noch 400 bis 600 Exemplare gibt.

Lebensraumzerstörung, Meeresverschmutzung und Überfischung machen den Mönchsrobben stark zu schaffen. Ungestörte Sand- und Felsküsten, Klippen und Grotten sind in ihrem gesamten Verbreitungsgebiet selten geworden. Sporttaucher, Touristen und Fischer dringen bis in die abgelegensten Bereiche vor. Damit fehlen nicht nur wertvolle Ruheplätze, sondern auch die Aufzucht der Jungen ist gefährdet. Es bedarf daher gezielter Schutzprojekte, um den Bestand der Mönchsrobbe zu schützen und zu entwickeln.

Ein vielversprechendes Paradebeispiel eines solchen Schutzprojektes führt die spanische Naturschutzorganisation CBD-Hábitat seit Anfang der 1990er Jahre an der mauretanischen Atlantikküste am Cap Blanc durch. Seit Ende der neunziger Jahre unterstützt auch EuroNatur den Schutz der dortigen Mönchsrobben-Kolonie. Erfahrene Robbenschützer der EuroNatur-Partnerorganisation CBD-Hábitat sind ständig präsent am Cap Blanc. Ihrem Einsatz und der Bereitschaft der lokalen Fischer, im Bereich der Mönchsrobben-Höhlen auf den Fischfang zu verzichten, ist es zu verdanken, dass die Mönchsrobbenpopulation dort wieder kontinuierlich zunimmt. Doch trotz dieser erfreulichen Entwicklung ist das langfristige Überleben der Mönchsrobbenkolonie am Cap Blanc bei weitem noch nicht gesichert.

Gerade in den letzten Jahren ist eine neue zunehmende Bedrohung durch illegale industrielle Fischerei nahe der Schutzzone entstanden: Nicht nur schöpfen die Fisch-Trawler die Nahrung der Mönchsrobben ab, sondern darüber hinaus besteht die ständige Gefahr, dass die Meeressäuger in Fangnetze geraten und ertrinken.

Auch im Mittelmeer ist die Situation wenig positiv für die Robben: Die Fischbestände nehmen seit Jahren ab, es gibt kaum noch ruhige Plätze für die Aufzucht der Jungen, und Meeresverschmutzung kann für sie tödliche Krankheiten auslösen.

Rund um Tilos wurde bisher zwar keine dauerhafte Mönchsrobben-Population nachgewiesen. Dennoch ließen und lassen sich immer wieder Tiere im alten Hafen von Livadia auf Höhe des Faros-Restaurants beobachten. Auch aus der Bucht von Lethra gibt es Berichte über eine Mönchsrobben-Sichtung. Doch leider fand man auch schon mehrfach tote Tiere, so etwa Anfang 2010, als eine tote Mönchsrobbe im Hafenbecken von Livadia trieb. Die Todesursache war nicht eindeutig nachzuweisen. Es gab aber

Bild: A. Spangenberg

Zu selten: Ungestörte Felsküsten mit Höhlen (hier Insel Zakynthos), die Mönchsrobben als Ruhe- und Aufzuchtsplätze nutzen können.

Anzeichen dafür, dass das Tier in einem Fischernetz hängengeblieben und ertrunken ist. In jedem Fall wären genauere Untersuchungen erforderlich, um herauszufinden, ob es an der Küste von Tilos oder einer der unbewohnten Inseln in der Nachbarschaft Höhlen gibt, die die Art als Aufzuchthöhlen nutzen könnte oder vielleicht sogar bereits nutzt. Darauf aufbauend könnten dann entsprechende Bereiche festgelegt werden, die von Fischereiaktivitäten ebenso wie touristischen Nutzungen verschont werden. Leider sind solche Untersuchungen zeit- und damit kostenintensiv, so dass sie bisher wegen fehlender Finanzierungsmöglichkeiten nicht durchgeführt werden konnten.

In der Antike galten Mönchsrobben als Schützlinge der Götter Poseidon und Apollo, zeigten sie doch eine besondere Verbindung zum Meer und zur Sonne. U.a. zierten ihre Abbildungen prä-darische Münzen aus den Jahren um 500 v. Chr. und Münzen, die auf der Insel Rhodos geprägt wurden – ein Hinweis auf die ihnen entgegengebrachte Verehrung.

Griechische Schriftsteller wie Homer, Plutarch und Aristoteles erwähnten die Mönchsrobbe in ihren Werken. Aristoteles etwa gibt in seiner „Historia Animalium" eine sehr genaue Beschreibung der Tiere und in Homers Odyssee werden sie als Begleiter von Proteus, einem frühen Meeresgott aus der griechischen Mythologie, dargestellt.

Auch in den Volksglauben der Menschen am Mittelmeer fand die früher weit verbreitete Mönchsrobbe Eingang: Kleidung aus Robbenfell schützte demnach vor Blitzen und ein Robbenfell, um ein Feld gezogen, sollte dieses vor Hagel bewahren. Da man den Mönchsrobben einen tiefen Schlaf nachsagte, sollten sich Menschen mit Schlafproblemen nachts eine Robbenflosse unter den Kopf legen, um tief und fest schlafen zu können. Bei Fischern und Seefahrern galt es als gutes Omen, wenn sich Mönchsrobben in den Wellen oder am Strand zeigten.

Doch zu allen Zeiten haben die Menschen Mönchsrobben auch gejagt. Aufgrund ihres wenig scheuen Wesens waren sie leichte Beute und konnten mit Netzen, Speeren und Knüppeln gefangen und getötet werden. Aus dem Fell der Robben stellte man Zelte, Schuhe und Kleidung her. Das Fleisch wurde gegessen und das Fett zur Herstellung von Lampenöl und Kerzen sowie zur Heilung von Wunden und Prellungen verwendet.

Während sich die Bejagung der Art in der Antike noch in Grenzen hielt, scheint es, als sei der Bestand der Mönchsrobbe zu Zeiten des Römischen Reiches ernsthaft dezimiert worden. Nach dem Zerfall des römischen Reiches ließ die Nachfrage nach, sodass sich die Art vermutlich erholen konnte. Ihre ursprüngliche Bestandsgröße erreichte sie jedoch nicht mehr und im Mittelalter begann erneut eine Phase der Ausbeutung im gesamten damaligen Verbreitungsgebiet der Art.

Die überlebenden Robben zeigten sich zunehmend seltener an offenen Stränden, die sie zum Sonnenbaden und zur Jungenaufzucht genutzt hatten, und suchten Schutz in Höhlen an Steilküsten und abgelegenen Inseln. Auch heute noch finden sich die letzten größeren Mönchsrobben-Kolonien in Gebieten mit solchen Rückzugsmöglichkeiten, beispielsweise an der mauretanischen Atlantikküste am Cap Blanc oder im Meeresnationalpark Nördliche Sporaden (Griechenland).

Die Ausbreitung des Massentourismus an fast allen Küsten des Mittelmeers, die Meeresverschmutzung durch Industrie- und Siedlungsabwässer sowie eine allgemeine Überfischung des Mittelmeeres und die damit einhergehende Nahrungsknappheit für Meeressäuger trugen und tragen ihr Übriges dazu bei, Mönchsrobbenvorkommen zu dezimieren.

Verbreitungsgebiet der Mittelmeer-Mönchsrobbe.

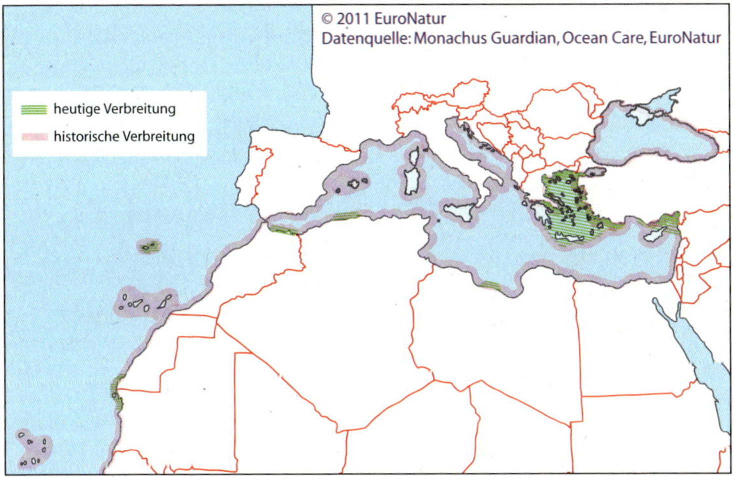


Karte: K. Sauer

Weitere wahrscheinlich in den Gewässern um Tilos lebende Meeressäuger sind der **Große Tümmler** (Tursiops truncatus) und der **Blau-Weiße Delphin** (Stenella coeruleoalba). Dies wurde jedoch bisher nicht genau überprüft.

Bild: A. Spangenberg

Die Steilküste von Tilos bietet vermutlich einige Rückzugsmöglichkeiten für Mönchsrobben.

## Schmetterlinge

Die bunte Blütenpracht, die im Frühjahr auf der Insel herrscht, ist nicht nur für den Besucher eine wahre Augenweide, sondern bietet auch einer Vielzahl von Schmetterlingen Nahrung. So können etwa bei einem Spaziergang in der Ebene von Eristos (siehe dazu auch Naturkundliche Wanderung 3) **Segelfalter** (Iphiclides podalirius), **Schwalbenschwanz** (Papilio macharion), **Admiral** (Vanessa atalanta, syn. Pyrameis atalanta) und **Kleiner Feuerfalter** (Lycaena phlaes) beobachtet werden.

Des Weiteren kommen verschiedene Schmetterlinge aus der Familie der **Bläulinge** (Lycaenidae) auf der Insel vor, nämlich **Östlicher Quendelbläuling** (Pseudophilotes vicrama), **Kleiner Sonnenröschen-Bläuling** (Aricia agestis), **Hauhechel-Bläuling** (Polyommatus icarus) und **Alexis-Bläuling** (Glaucopsyche alexis).

Bläulinge stellen eine Familie der Schmetterlinge (Tagfalter) dar. Weltweit gibt es ca. 6.000 Arten innerhalb dieser Familie. Namensgebend war die blau gefärbte Flügeloberseite, die fast alle europäischen Arten aufweisen. Auf der Unterseite tragen viele Bläulinge ein Muster aus dunklen, zum Teil hell umrandeten Flecken. An diesen sind die ansonsten sehr schwer zu unterscheidenden Arten bei genauerer Betrachtung gut zu bestimmen.

Die Raupen von Bläulingen ernähren sich vor allem von Hülsenfrüchten (Fabaceae), manche aber auch von Heidekrautgewächsen (Ericaceae), Lippenblütlern (Lamiaceae), Zistrosen- (Cistaceae) oder Storchschnabelgewächsen (Geraniaceae). Es gibt zahlreiche hoch spezialisierte Arten, bei denen sich die Raupen monophag, also nur von einer bestimmten Pflanzenart ernähren, oder extrem standorttreue Arten wie zum Beispiel den **Storchschnabel-Bläuling** (Plebejus eumedon), der nur auf wenigen Quadratmetern um „seine" Pflanze lebt und auch nur den Nektar dieser einen Pflanze saugt.

Die Raupen des Quendelbläulings ernähren sich von den Blüten und Früchten von Thymian- und Bohnenkrautarten (Satureja), die auf Tilos beispielsweise in der Ebene von Eristos vorkommen. Wie bei vielen anderen Bläulingsarten auch leben die Raupen des Östlichen Quendelbläulings während eines Teils ihrer Entwicklung in Symbiose mit Ameisen (Formicidae).

Schwalbenschwanz (Papilio macharion).

Bild: W. Kaufmann

Hauhechel-Bläuling (Polyommatus icarus).

Bild: J. Schneider

Die Raupen des Kleinen Sonnenröschen-Bläulings ernähren sich in erster Linie von **Gelbem Sonnenröschen** (Helianthemum nummularium), aber auch von **Kleinem Storchschnabel** (Geranium pusillum) und **Reiherschnabel** (Erodium cicutarium). Der Hauhechel-Bläuling stellt innerhalb seiner Familie die häufigste und am weitesten verbreitete Art dar – sicher auch wegen der Vielzahl an Futterpflanzen, die er besucht, darunter auch die beiden namensgebenden Arten **Dorniger Hauchhechel** (Ononis spinosa) und **Kriechender Hauchhechel** (Ononis repens). Er wird daher auch als Gemeiner Bläuling bezeichnet. Als Falter besucht die Art zur Nahrungssuche jedoch am häufigsten ihre wichtigste Eiablagepflanze, den **Hornklee** (Lotus corniculatus).

Die Nahrungspflanzen des Alexis-Bläulings sind bisher nur unzureichend erfasst. Bekannt sind **Esparsette** (Onobrychis), Gewöhnlicher Hornklee (Lotus), **Hufeisenklee** (Hippocrepis comosa), **Wiesen-Platterbse** (Lathyrus pratensis) und **Tragant** (Astragalus).

Weitere Schmetterlingsarten, die auf Tilos nachgewiesen wurden sind **Distelfalter** (Vanessa cardui; Syn.: Cynthia cardui), **Kleine Rostbinde** (Hipparchia statilinus), **Malven-Dickkopffalter** (Carcharodus alceae) und **Schwarzer Bär** (Arctia villica).

Bild: G. Sachse

# Schutz und Gefährdung der Insel

## Naturpark Tilos

Bereits 1996 hat die Verwaltung von Tilos eine Machbarkeitsstudie in Auftrag gegeben, mit der ermittelt werden sollte, ob und welche Kriterien die Insel erfüllt, um dauerhaft als Schutzgebiet ausgewiesen zu werden. Im Rahmen der Studie mit dem Titel "Creation of a Natural Park in Tilos for the Rescue and Enrichment of Fauna, Flora and Indigenous as well as Migrating Birds" fand – vermutlich zum ersten Mal überhaupt – eine Bestandaufnahme der auf Tilos vorkommenden Arten statt. Des Weiteren wurden Vorschläge zum Schutz der Insel erarbeitet. Wichtigstes Ergebnis der Studie dürfte der Vorschlag sein, die gesamte Insel einschließlich der drei sie umgebenden unbewohnten Inseln als sogenannte „Eco Development Area" auszuweisen. Dies entspricht der niedrigsten Schutzgebietskategorie im nationalen griechischen Recht. Außerdem sind fünf Naturschutzgebiete, die zweithöchste Schutzgebietsform nach griechischem Recht, vorgesehen, darunter der Bereich um den Gipfel Koutsoumbas, das Inselinnere „Messaria" und die Nordküste.

In der Machbarkeitsstudie wird das geplante Schutzgebiet immer wieder als „Naturpark Tilos" bezeichnet. Dies dürfte auch erklären, warum viele der Einheimischen, auf ein künftiges Schutzgebiet angesprochen, dieses als Tilos-Park bezeichnen.

Rund fünf Jahre schlummerte die Studie in einer Schublade der Gemeindeverwaltung. Dann, im Jahr 2002 schließlich, entwickelte die inzwischen gegründete Naturschutzorganisation Tilos Park Association, aufbauend auf die Daten und Schlussfolgerungen der Machbarkeitsstudie, einen Vorschlag, wie genau ein solcher Naturpark auf Tilos gestaltet werden könnte. Dieser Vorschlag wurde kurz darauf offiziell von der Gemeindeverwaltung bei der damaligen griechischen Regierung eingereicht.

Wenngleich sowohl die Verwaltung von Tilos wie auch der sehr aktive Bürgermeister und die Tilos Park Association sich engagiert für die Ausweisung der Insel als Schutzgebiet einsetzten, ist der angestrebte Naturpark aber noch immer nicht offiziell ausgerufen. Nach Aussagen des früheren Direktors der Tilos Park Association im August 2008 hätte es „nur noch" der Entscheidung des Parlaments bedurft, um das bereits vorbereitete Dekret zu verabschieden. Dies durchzusetzen scheint jedoch – sicher zusätzlich noch behindert durch die in Griechenland herrschende Wirtschaftskrise - so schwierig zu sein, dass das Schutzgebiet auch bis zur Veröffentlichung des vorliegenden Natur-Reiseführers (2013) immer noch nicht realisiert ist.

Bild: G. Schwaderer

Das Büro der Tilos Park Association.

Allerdings würde sich auch mit der Ausweisung der Insel als Schutzgebiet vermutlich nicht allzu viel an der derzeitigen Situation ändern, denn dies wäre nur mit einem zielstrebigen, effizienten Management zu erreichen, was aber wiederum entsprechende finanzielle Ressourcen und im Bereich Naturschutz geschultes Personal voraussetzen würde – beides leider Mangelware auf Tilos wie auch allgemein in Griechenland.

Einen entscheidenden Vorteil hätte die Ausweisung von Tilos als Naturpark aber in jedem Fall: Dann nämlich würde der nach wie vor nur temporäre Jagdbann endlich dauerhaft gesetzlich verankert (siehe unten). Zwar ist die Verlängerung des Jagdbanns, die alle zwei bis drei Jahre neu beantragt werden muss, nach Aussagen der Inselverwaltung reine Formsache. Dennoch besteht hierbei jedes Mal die Gefahr, dass er – von welcher Lobby und aus welcher Motivation heraus auch immer – gekippt bzw. unterlaufen werden könnte.

## Jagdbann

Lange Zeit war Tilos ein beliebtes Ziel für Jäger. Sobald die Jagdsaison eröffnet war, fielen sie - meist von Rhodos aus - in großen Scharen auf der Insel ein. Dabei ging es vor allem um Chukarhühner. Geschossen wurde aber auch sonst buchstäblich auf alles Getier, das Flügel und Beine hat, und selbst der eine oder andere Inselhund musste laut Auskunft Einheimischer daran glauben. Hatten die Jäger ihre Kühltaschen gefüllt, war es nicht etwa genug, sondern es wurde weitergeschossen und die erlegte Beute, die nicht mehr zum Mitnehmen verstaut werden konnte, einfach im Hafenbecken von Agios Stefanos bei Livadia im Meer „entsorgt". Während dieser schießwütigen Zeiten konnten die Inselbewohner nicht ohne Gefahr für Leib und Leben ihre Ortschaften verlassen. Kein Wunder also, dass es den Menschen auf Tilos irgendwann reichte und sie sich nach einer grundlegenden Änderung der Situation sehnten.

Es war klar, dass eine dauerhafte Jagdruhe nur durch ein entsprechendes Dekret der zuständigen Behörde (in diesem Fall der regionalen Forstbehörde der Südlichen Ägäis) erlangt werden konnte. Doch die Chancen, dies zu erreichen, standen nicht gut. Im Jahr 1987 richtete der damalige Bürgermeister der Insel deshalb ein Schreiben an die regionale Forstbehörde mit der Bitte, für die Zeiträume 1987/1988 und 1988/1989 versuchsweise ein Jagdverbot auf Tilos zu verhängen. Nachdem hierauf keinerlei Reaktion erfolgte, organisierten die Bewohner von Tilos eine Unterschriftenaktion unter dem Motto „Keine Vogeljagd auf Tilos". Die Unterschriften – leider gibt es keine Angaben mehr darüber, wie viele Bürger sich damals an der Aktion beteiligten – wurden im September 1988 an die regionale Forstbehörde übergeben.

Zum gleichen Zeitpunkt richtete sich der Bürgermeister mit derselben Bitte auch an das Landwirtschaftsministerium, das Anfang 1989 versprach, die Anfrage in Betracht zu ziehen. In der Folge unternahm der Bürgermeister auch immer wieder weitere Vorstöße, um einen Jagdbann bei der Forstbehörde zu erwirken, und diese wandte sich dann 1990 an die Jagdvereinigung von Rhodos mit der Bitte um Stellungnahme zu der Anfrage der Tilioten. Es sollte wohl der Bock zum Gärtner gemacht werden.

Erstaunlicherweise erhielten jedoch die beiden Gemeinden der Insel Megalo Chorio und Livadia sowie die Jagdvereinigung von Rhodos zwei Jahre später eine offizielle Mitteilung der regionalen Forstbehörde, dass für den Jagdzeitraum 1993/1994 ein Jagdverbot verhängt werde. Damit wurde erstmalig ein offizieller Jagdbann für Tilos, wenn auch nur befristet, ausgesprochen. Und diese Jagdruhe auf der Insel – vermutlich einmalig im gesamten Mittelmeerraum – besteht nun seit 1993.

Wie bereits erwähnt, muss das Jagdverbot jedoch nach wie vor alle zwei bis drei Jahre erneuert werden. Dies birgt u.a. die Gefahr, dass es zwischen zwei Verbotsperioden eine Phase gibt, in der das Jagdverbot nicht amtlich ist, wie es etwa im Herbst 2001 geschah, als eine Jagdgesellschaft die „Lücke" nutzen wollte, um auf Tilos zu jagen. Doch sie hatten die Rechnung ohne die Tilioten gemacht, die sich noch gut an die Zustände vor dem Jagdbann erinnern konnten. Kurzerhand blockierten Bewohner von Livadia und Megalo Chorio den Hafen mit einem Bus, Baggern und Absperrgittern. Die Jäger durften zwar mit ihren Geländewagen die Fähre verlassen, ihre Waffen aber wurden von der örtlichen Polizei in Gewahrsam genommen, da das Jagdverbot in diesem Fall per Richterbeschluss weiter bestand, auch wenn der amtliche Erlass noch nicht ergangen war.

So dem eigentlichen Sinn und Zweck ihrer Reise beraubt, verließ die Jagdgesellschaft Tilos nach wenigen Tagen wieder. Seitdem ist der Jagdbann eingehalten worden. Bis heute sind keine Jäger mehr auf die Insel gekommen. Vermutlich ist dies nicht zuletzt auf den „Kampfgeist" der Tilioten zurückzuführen, den der eine oder andere Jäger im Rahmen der Hafenblockade hatte erleben dürfen und was sich sicher auch weiter herumgesprochen hat.

Die Ausweisung der Insel als Schutzgebiet würde endlich ein dauerhaftes Jagdverbot auf Tilos nach sich ziehen und die Gefahr, dass irgendwann später doch wieder einmal Jäger hier einfallen, wäre ein für alle Mal gebannt.

Map Tilos Park

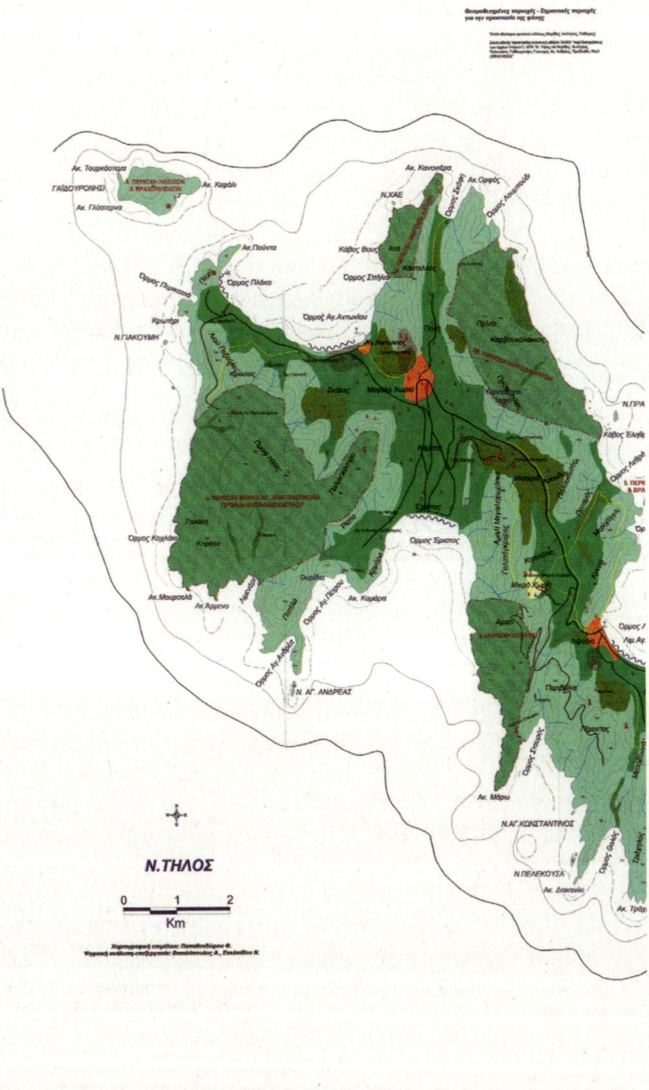

Im Zuge der Erstellung einer Machbarkeitsstudie zur Ausweisung der gesamten Insel Tilos als Schutzgebiet wurden verschiedene Zonen ausgewiesen, darunter auch fünf Naturschutzgebiete (moosgrün gekennzeichnet).

## Ziegen

Insgesamt gibt es auf Tilos heute noch sechs Ziegenhirten. Wie viele Ziegen sie hüten, ist Spekulation: Nach einer zwischen 2003 und 2006 durchgeführten Studie waren es rund 15.000 Tiere. Schätzungen von zwei befragten Ziegenhirten ergaben 1.200 bzw. 5.000 Tiere. Die Wahrheit wird wohl in der Mitte liegen, in jedem Fall aber über dem, was die Inselvegetation vertragen kann.

Deshalb wurde im Jahr 2009 eine Aktion durchgeführt, die den Ziegenbestand reduzieren und so die Vegetation der Insel vor weiterem Verbiss schützen sollte. Im Rahmen dieses Programms erhielt jeder Hirte, der bereit war, seinen Ziegenbestand zu reduzieren, 8 € pro abgeschaffter Ziege – vorausgesetzt, Fleisch und Fell wurden nicht verkauft. Da man aber trotz stark gesunkener Marktpreise immer noch etwa das Zehnfache erhält, wenn man Fell und Fleisch der Ziegen verkauft, war die Bereitschaft zur Annahme des Angebots gering; nur ein Hirte nahm es tatsächlich an und reduzierte seinen Bestand um 300 Tiere auf nunmehr 150.

Bild: K. Grund

Ziegenverbiss am Olivenbaum.

Neben den Tieren aus der Ziegenhaltung machen auch „Wildziegen" Probleme. Immer wieder trifft man bei Wanderungen auf vereinzelte Ziegen. Zumeist handelt es sich dabei um verwilderte Hausziegen. Während die Tiere der Hirten nur auf relativ begrenztem Gebiet weiden, bewegen sich die Wildziegen frei auf der ganzen Insel und verbeißen so auch Sträucher und Bäume in abgelegenen Gegenden. Eine Maßnahme dagegen sind Ziegenzäune um bestimmte Flächen, die man gezielt vor Verbiss schützen will.

Ein Ziel für den Naturschutz ist es, den Gesamtbestand der Ziegen auf 2.500 Tiere zu reduzieren und diese nur noch in eigens dafür abgegrenzten Bereichen zu halten. Dies bedarf jedoch der Bereitschaft der derzeitigen Ziegenhalter sowie der Beseitigung der verwilderten Ziegen. Leider hat die Zahl der verwilderten Hausziegen in den letzten Jahren stark zugenommen, da viele Ziegenhalter ihre Herden aufgeben und die Ziegen sich selbst überlassen.

Bild: A. Spangenberg

Eine Bedrohung für die floristische Vielfalt der Insel: verwilderte Hausziegen.

## Wasserversorgung

Wenngleich Tilos trocken und karg wirkt und keine natürlichen Oberflächengewässer besitzt, verfügt die Insel über zahlreiche Quellen. So etwa beim Kloster Panteleimonas im Westen der Insel, wo auch im Sommer kühles, kristallklares Wasser sprudelt.

Aus mehreren, durch Tiefenbohrungen erschlossenen Quellen wird das Wasser zum Teil über Zwischenspeicher in den zwischen Livadia und Megalo Chorio gelegenen Hauptspeicher gepumpt und von hier aus an die Haushalte verteilt. Im Allgemeinen ist das Wasser auf Tilos – wenngleich sehr kalkhaltig – von guter Qualität. Dennoch kann es passieren, dass es im Sommer brackig schmeckt. Denn wenn der Grundwasserstand sinkt, drückt Meerwasser in den Aquifer und mischt sich mit dem Süßwasser. Trotz der im Vergleich zu manch anderer Mittelmeerinsel begünstigten Situation ist Wasser auf Tilos ein karges und kostbares Gut - auch monetär betrachtet! Um die Bevölkerung dazu anzuhalten, Wasser zu sparen, wurde vor einiger Zeit eine drastische Regelung eingeführt: Jedem Haushalt wird erlaubt, pro Vierteljahr 20 $m^3$ Wasser zu verbrauchen (zum Vergleich: der durchschnittliche Pro-Kopf Verbrauch von Wasser beträgt im Jahr rund 45 $m^3$). Wird diese Menge überschritten, verzehnfacht sich der Preis pro Kubikmeter Wasser von 1,50 € auf 15 €!

Zwar sind Hoteliers – sehr zum Ärger der restlichen Bewohner der Insel - von dieser Regelung ausgenommen; dennoch sollte man auch als Tourist die in einigen Hotels aufgehängten Schilder, mit denen gebeten wird, Wasser zu sparen, ernst nehmen!

Bild: W. Kaufmann

Quelle am Kloster Panteleimonas.

# Müll

Seit einigen Jahren verfügt Tilos über eine große, aus EU-Mitteln finanzierte Müllkippe. Leider scheinen sich beim Bau dieser Müllkippe bei Chita – wie auch bei dem Bau des großen Wasserbeckens oberhalb von Eristos – Fehler eingeschlichen zu haben, so dass sie nicht voll funktionsfähig ist.

Daher wurden die vielen wilden Müllkippen, die überall auf Tilos verteilt sind, weitergenutzt. Im Jahr 2011 jedoch löste der inzwischen verstorbene Bürgermeister der Insel eines seiner Wahlversprechen ein: alle Müllkippen, bis auf eine, wurden geschlossen. Leider werden aber nach wie vor immer wieder kleinere wilde Müllkippen angelegt.

Wenngleich nun eine gezielte Müllentsorgung stattfindet, sollte man dennoch versuchen, Müll zu vermeiden – beispielsweise, indem man beim Einkaufen auf die allgegenwärtigen Plastiktüten verzichtet.

Bild: G. Sachse

Weitestgehend verschwunden: wilde Müllkippen.

## LIFE-Projekt „Tilos: Conservation Management of an Island Special Protected Area"

Von Ende 2004 bis Anfang 2008 wurde auf Tilos ein von der EU gefördertes LIFE-Projekt durchgeführt. An der Umsetzung waren die Gemeinde von Tilos, die regionale Forstbehörde der Südlichen Ägäis, die damals sehr aktive Naturschutzorganisation Tilos Park Association (TPA) sowie ein in Athen ansässiges Planungs- und Beratungsunternehmen beteiligt. Im Rahmen des Projektes wurden verschiedene Maßnahmen umgesetzt, um den Schutz von Habichtsadler, Eleonorenfalke und Mittelmeerkrähenscharbe zu verbessern. Gleichzeitig sollte das Management der als Natura-2000-Gebiet ausgewiesenen Insel verbessert werden. Dabei ging es vor allem darum, das Nahrungs- und Frischwasserangebot für die genannten, aber auch andere Vogelarten zu verbessern, die genauen Bestandszahlen von Habichtsadler, Eleonorenfalke und Mittelmeerkrähenscharbe auf Tilos zu ermitteln sowie die „Sichtbarkeit" des Natura-2000-Gebietes sowohl für die Bewohner der Insel als auch für ihre Besucher zu erhöhen.

Die umgesetzten Maßnahmen beinhalteten unter anderem die Anlage von Frischwasserteichen und ein regelmäßiges Bestandsmonitoring der drei Zielarten. Durch den Anbau von Getreide auf bis dato nicht mehr genutzten Flächen und die Pflanzung einheimischer Bäume, vor allem Walloneneiche und Terebinthpistazie, wurden zusätzlicher Lebensraum und Nahrungsflächen für die Beutetiere von Habichtsadler und Eleonorenfalke (bspw. Chukarhuhn sowie kleine Nagetiere) geschaffen.

Bild: K. Grund

Ergebnisse des LIFE-Projekts: Eine Wiederbelebung der Terrassenwirtschaft bei Plaka im Norden der Insel.

Des Weiteren wurden im Rahmen des Projekts Informationsmaterial über die Flora und Fauna auf Tilos sowie eine Ausstellung, welche die landschaftlichen Besonderheiten der Insel zeigt, erstellt. Während ein Großteil des Informationsmaterials inzwischen leider vergriffen ist, kann die Ausstellung auch heute noch in dem Informationszentrum der Tilos Park Association besucht werden. Auch das Informationszentrum ist ein Ergebnis des LIFE-Projekts, inzwischen aber auf die Hälfte der ursprünglichen Größe zusammengeschrumpft. Weitere, heute noch sichtbare Ergebnisse des Projekts sind der Informationskiosk am Hafen, der Naturerlebnisweg „Olympus Path" zum „Haus der Italiener" (siehe dazu Wanderung 4) sowie die Wasserfassung, die man auf diesem Weg kurz vor dem Gipfel passiert.

Nach dem Abschluss des LIFE-Projekts Anfang 2008 war vorgesehen, die begonnenen Aktivitäten durch die Gemeinde Tilos sowie die Tilos Park Association weiter fortzuführen. Leider ist dies nur bedingt der Fall. Zum einen fehlen der Gemeinde die Mittel, zum anderen hat sich die Personalsituation in der Tilos Park Association mit dem Wegzug des sehr engagierten Leiters der Organisation Ende 2007 geändert.

Besonders schade ist es, dass das Büro der Tilos Park Association, zentral in Livadia an der Hauptkirche St. Nikolaos gelegen, das früher vielen Besuchern als Anlaufstelle für Informationen aller Art diente, nicht mehr regelmäßig besetzt ist. Es kann daher vorkommen, dass man vor verschlossener Türe steht. Dennoch lohnt sich ein Versuch, denn wenn das Büro besetzt ist, kann man dort nach wie vor viele interessante und die Orientierung auf der Insel erleichternde Auskünfte erhalten.

Wenngleich es nicht gelungen ist, Mittel für ein Folgeprojekt zu akquirieren, und einige der Ergebnisse heute nicht mehr oder nur noch kaum sichtbar sind, haben die durchgeführten Maßnahmen ganz sicher dazu beigetragen, die Bewohner von Tilos für die Naturwerte der Insel und ihren Schutz zu sensibilisieren. Die Idee, Tilos als großflächiges Naturschutzgebiet auszuweisen – vor wenigen Jahren noch undenkbar - stößt bei einem Großteil der Bewohner inzwischen auf Gegenliebe.

Besuchern fallen an verschiedenen Stellen der Insel immer wieder Anzeichen für das LIFE-Projekt ins Auge; so ist davon auszugehen, dass sich der eine oder andere Gedanken über deren Hintergrund macht. Auf der anderen Seite wird Tilos vorwiegend von Reisenden besucht, die wiederkehrend Urlaub auf der Insel machen, so dass sie über die Entwicklungen und Vorgänge dort ohnehin informiert sind. Erfreulich auch, dass ein Großteil der Tilosbesucher der Kategorie „Ökotourist" zuzuordnen und daher entsprechend aufgeschlossen für Umwelt- und Naturschutz ist.

Dennoch wäre ein weiteres, ähnlich groß angelegtes Projekt für eine nachhaltige Entwicklung der Insel und ihrer Naturschätze wünschenswert.

## EuroNatur Aktivitäten

Seit 2006 arbeitet EuroNatur mit der Tilos Park Association (TPA) zusammen, die sich für den Schutz der Insel einsetzt. Ein Ziel der Arbeit von EuroNatur ist es, Tilos und seine Naturwerte einem interessierten Publikum bekannter zu machen, um so einer potentiellen Entwicklung zum Massentourismus entgegenzuwirken und den Inselbewohnern die ökonomischen Möglichkeiten eines angepassten Tourismus aufzuzeigen. Die Schwerpunkte der Arbeit von EuroNatur auf Tilos liegen dabei in den Bereichen Umweltbildung und -information.

So hat EuroNatur gemeinsam mit der Tilos Park Association (TPA) die bereits vor rund zehn Jahren erstmals aufgelegte Karte von Tilos in einer überarbeiteten Fassung neu herausgebracht. Da es bis dahin nur eine kaum lesbare Landkarte der griechischen Insel gegeben hatte, war die erste Auflage entsprechend schnell vergriffen gewesen. In Ergänzung zur vorhergehenden Version bietet die überarbeitete Fassung nun außerdem nicht nur umfassende Informationen zu den wichtigsten Orten der Insel und ihren Besonderheiten, sondern beschreibt auch eine Auswahl empfehlenswerter Wanderwege.

Die Tiloskarte ist für 1,50 Euro pro Stück in deutscher, englischer und griechischer Sprache im Informationszentrum der Tilos Park Association erhältlich. Mit dem Erlös soll dann die nächste Auflage finanziert werden. Außerdem ist der Druck weiterer Informationsmaterialien, etwa zur vielfältigen Flora der Insel, geplant.

Doch um Tilos als ein besonderes Vogelparadies in der Ägäis auch weiterhin zu bewahren, ist es vor allem wichtig, die Bewohner von Tilos anzusprechen und insbesondere Nachwuchsnaturschützer, die die wichtige Arbeit der Tilos Park Association fortsetzen, zu gewinnen. Voraussetzung hierfür ist es, in der Bevölkerung das Bewusstsein für die wertvolle Natur der Insel zu schaffen und auf deren Schutzbedarf aufmerksam zu machen. Um dies zu erreichen, wurde 2010 mit Unterstützung der Manfred-Hermsen-Stiftung umfassendes Umweltbildungsmaterial in griechischer Sprache zur Insel erstellt. Dieses wendet sich an alle Altersstufen, die auf Tilos unterrichtet werden - vom Kindergarten bis zur weiterführenden Schule (bis 17 Jahre).

Bild: Tilos Park Assocination / EuroNatur

Im Jahr 2009 wurde der Insel Tilos der EuroNatur-Preis verliehen. Bei diesem Preis – erstmals 1992 verliehen – handelt es sich um eine Ehren-Auszeichnung, mit der herausragendes Engagement im Naturschutz, in der Umweltbewahrung, in der Umweltbildung und in der nachhaltigen Entwicklung gewürdigt wird. Die Insel Tilos erhielt die Auszeichnung für das langjährige Engagement ihrer Bevölkerung für den Vogelschutz. Der seit 1993 herrschende Jagdbann hat auf Tilos das Fundament für einen sozialverantwortlichen und naturverträglichen Tourismus geschaffen, der ganzjährig eine wichtige Einkommensquelle für die Inselbewohner bedeutet – eine Entwicklung, auf die EuroNatur gemeinsam mit vielen Partnern auch in anderen Projektgebieten (vor allem auf dem Balkan) hinwirkt. Der inzwischen verstorbene langjährige Bürgermeister der Insel Tilos, Dr. Aliferis, nahm den Preis stellvertretend für die Inselgemeinde im Weißen Saal von Schloss Mainau entgegen.

Leider stellt die Dodekanes-Insel eine Ausnahme dar. Auf anderen griechischen Inseln, aber auch auf Zypern, Malta und an der östlichen Adriaküste ist die Situation verheerend. Intensive Vogeljagd sorgt in vielen Ländern dafür, dass die lebensnotwendigen Rastplätze der Zugvögel auf Inseln und in Küstengebieten zu Todesfallen werden. Die Verleihung des EuroNatur-Preises 2009 an Tilos sollte deshalb auch ein deutliches Signal setzen, denn die kleine Insel zeigt eindrücklich, dass sich ohne Vogeljagd überzeugende ökologische wie ökonomische Chancen ergeben. Mehr zur Geschichte des Jagdbanns siehe S. 112/113.

Anastasias Aliferis, inzwischen verstorbener Bürgermeister der Insel Tilos (links), mit Laudator Mario Broggi bei der EuroNatur-Preisverleihung im Oktober 2009.

Bild: P. Schmenger

Bild: K. Sauer

Skulptur Zugvogel - EuroNatur Preis 2009, der an Tilos verliehen wurde.

Bild: G. Sachse

# Reiseinformationen

## Wanderungen

Trotz seiner geringen Größe bietet Tilos eine Vielzahl von Wandermöglichkeiten mit unterschiedlichem Charakter. Neben Touren mit Gebirgscharakter (Weg auf den Olympus, Wanderung 4) gibt es verschiedene Küstenpfade mit Abstiegsmöglichkeiten zu Badebuchten (Wanderungen 1, 5 und 8) und bequeme Wanderungen, bei denen man besonders gut verschiedene Tier- und Pflanzenarten beobachten kann – so etwa bei der Tour durch das Inselinnere (Naturkundliche Wanderung 4) oder dem Spaziergang in der Küstenebene von Eristos (Naturkundliche Wanderung 3).

Einige Abschnitte der Wanderungen führen über Eselspfade, sogenannte Monopati, die gut zu erkennen sind. Andere Abschnitte sind weniger deutlich sichtbar und erfordern etwas Aufmerksamkeit, um die Wegemarkierungen, zum Beispiel mit einem Steinmännchen, zu entdecken. Die Pflege der Wanderwege auf Tilos hängt nahezu ausschließlich von Privatinitiativen und Einzelpersonen ab. Es ist daher möglich, dass vor allem nach den Wintermonaten einige Markierungen nicht (mehr) eindeutig zu erkennen sind.

Stefan Heitmann
beim Bau von Steinmännchen.

Annette Spangenberg
bei der Markierung von Wanderwegen.

Bilder: K. Grund

In den folgenden Beschreibungen wurde versucht, den Verlauf der Touren so eindeutig wie möglich darzustellen. Auf eine zusätzliche Skizzierung der Touren auf einem Kartenausschnitt wurde verzichtet, da einige der Wege in einer gemeinsam von der Tilos Park Association und EuroNatur aufgelegten Wanderkarte dargestellt sind. Die Karte kann für 1,50 € im Büro der TPA (Tilos Park Association) am Hafen von Livadia erstanden werden. Des Weiteren ist es empfehlenswert, sich zusätzlich mit der Tilos-Karte des Skai-Verlags auszurüsten. Auch auf dieser Karte, die man für 7 € in verschiedenen Supermärkten in Livadia kaufen kann, sind einige Wanderwege eingezeichnet; vor allem aber sind hier die verschiedenen Höhenstufen und sonstigen Geländegegebenheiten besser einzuordnen.

Eine „beste Jahreszeit" zum Wandern auf Tilos gibt es nicht. Allerdings laden die Sommermonate Juli und August mit durchschnittlichen Höchsttemperaturen von 31° C eher zum Baden als zum Wandern ein. Wer sich jedoch nicht scheut, früh aufzustehen, kann auch im Sommer die eine oder andere Wanderung machen, ohne sich zu großer Hitze aussetzen zu müssen. Aus botanischer Sicht empfiehlt es sich, die Insel im Frühjahr zu besuchen. Dann sind auch einige Vögel auf dem Frühjahrszug zu beobachten – so etwa Eisvogel, Bienenfresser, Kurzzehenlerche und Halsbandschnäpper. Im Herbst dagegen ziehen Rohrweihe, Seidenreiher, Felsentaube und Neuntöter (Lanius collurio) über die Insel.

Bilder: J. Schneider

Rohrweihe (Circus aeruginosus).

Neuntöter (Lanius collurio).

Unabhängig davon, zu welcher Jahreszeit man unterwegs ist, darf man nicht vergessen, ausreichend Wasser mitzunehmen, da es nur auf den wenigsten Wanderungen die Möglichkeit gibt, sich mit frischem Quellwasser zu versorgen. Einkehrmöglichkeiten bestehen nur in den oft weit auseinanderliegenden Orten.

Vor allem in den Sommermonaten, aber auch schon im Frühjahr, sollte an Sonnenschutz (Sonnencreme, Kopfbedeckung) gedacht werden. Zudem lohnt es sich, bei den Wanderungen, die an Strände führen, Badesachen einzupacken und eine entsprechende Pause einzuplanen. Einige Auf- und Abstiege sind steil und erfolgen auf lockerem Gestein. Es ist daher sinnvoll, festes Schuhwerk und Wanderstöcke zu nutzen.

Im Notfall kann mit dem Handy unter folgenden Nummern Hilfe angefordert werden:

**Polizei Tilos** (Katastrophenschutz):
0030 224 6044222 und 0030 224 6044350

**Ambulanz:**
0030 224 6044210 und 0030 224 6044219
(Nummern von der Homepage der Gemeinde Tilos)

Da es auf der Insel allerdings einige Funklöcher gibt, ist es ratsam, vor Beginn der Wanderung in den Pensionen/Hotels Bescheid zu geben, welche Wanderung geplant ist. So kann im Notfall schnelle Hilfe gewährleistet werden.

Die meisten im Folgenden beschriebenen Wanderungen sind keine Rundwanderungen, so dass der Rückweg auf der gleichen Strecke erfolgt. Die angegebenen Gehzeiten beziehen sich immer auf die Gesamtstrecke (Hin- und Rückweg).

## Wanderung 1:

## Von Livadia an den Strand von Tholos

## Dauer: 4 Stunden

### Beschreibung:

Die Wanderung von Livadia zur Bucht von Tholos ist abwechslungsreich. Sie führt durch das Gebirge von der grünen Küstenebene der Ostseite zur kargen, zerklüfteten Westseite der Insel. Die Wanderung ist mittelschwer, bietet Orientierung an Steinmännchen, aber erfordert Kondition, da der Weg lang ist und ein Bergsattel überschritten werden muss. Der Abstieg zur Bucht von Tholos – mit dem Ziel stets vor Augen - ist weniger steil als zur Bucht von Stavros (**Wanderung 8**), im letzten Teil jedoch felsig. Hier muss an einer Stelle eine trockene Wasserrinne überwunden werden. Die Bucht von Tholos bietet ein lohnenswertes Ziel, da sie einsam und schön ist und mit grobem Sandstrand und feinen Kieseln das Baden angenehm macht. Weil es am Strand von Tholos weder schattenspendende Bäume noch eine Quelle gibt, müssen Sonnenschutz und Trinkwasser mitgebracht werden.

### Wegverlauf:

Die Wanderung beginnt an der Hauptkirche Agios Nikolaos in Livadia und führt zunächst entlang der Promenade zum etwa 2 km südöstlich gelegenen Kirchlein Agios Giorgos. Hier zweigt der Weg rechts ab und man folgt der Straße eine kurze Strecke bergan. Vor der nächsten Rechtskurve biegt man von der Straße nach links ab und wechselt nach ca. 30 m auf den hier beginnenden Monopati (Eselspfad), der dann auf der rechten Hangseite parallel zu der unbefestigten Erdstraße verläuft. Der Monopati führt allmählich bergauf und ist stellenweise zugewachsen.

Der Blick wird frei in einen breiten Talkessel, der von tiefen Spülrinnen durchzogen ist. Am Ursprung der Spülrinnen trifft man auf das Kloster Agia Politissa. Alljährlich finden hier im August Prozessionen zu Ehren der Heiligen statt.

Agios Pavlos, ein Ort der Zuflucht und Stille.

Bild: Scherf

Eine steile, unbefestigte Straße führt zur Kapelle Agios Pavlos, die hoch oben in einer Bergmulde unter einer Pinie versteckt liegt. Hier lohnt auf dem Rückweg eine Pause in der Abendsonne.

Gegenüber, oberhalb des Monopati und von Felsen verdeckt, erhebt sich das Kastell Agriosikias, eines der sieben mittelalterlichen Kastelle der Insel. Auf schroffen Abhängen gebaut, war es vor feindlichen Übergriffen sicher.

Auf der steil ansteigenden Erdstraße gelangt man auf den Bergsattel, wo der Weg auf die Höhenstraße trifft, die den Ort Mikro Chorio mit der Mülldeponie von Chita verbindet. Auf der gegenüberliegenden Straßenseite weist ein Schild in Richtung Tholos-Bucht. Dem Wegweiser folgend, wandert man auf der linken Seite des tief eingekerbten Tales weiter. Der Weg führt dann wieder bergab durch die Phrygana und überquert einen runden Dreschplatz, wo der Wind einst die Spreu vom Weizen trennte. Hinter einer Felsflanke verlässt er das Tal.

Agios Pavlos.

Bild: Scherf

Nun endet der bequeme Weg und das Gelände wird steil und rutschig, da der Fels in diesem Bereich stark verwittert und der Boden deshalb mit vielen Steinen bedeckt ist. Man folgt dem Pfad zunächst rechts der Spülrinne und erreicht dann eine Stelle, wo größere Felsbrocken die Rinne versperren. Hier wechselt man in die Spülrinne selbst, in der später einige felsige Stellen überwunden werden müssen.

Danach kündigt höheres Buschwerk das Ziel der Wanderung an und ein erfrischendes Bad lässt die Anstrengungen vergessen.

Der Rückweg erfolgt auf demselben Weg. Bei Interesse kann der Wanderer noch einen Abstecher zum Kastell Agriosikias machen. Das Kastell ist vom Bergsattel über die Asphaltstraße leicht zu erreichen, wegen seiner Lage am Steilhang jedoch nur schwer zugänglich.

## Wanderung 2:

Von Livadia an den Strand von Despoti Nero und über Gera auf den Gipfel Koutsoumbas

Variante a:
Livadia - Gera mit Abstecher in die Bucht Despoti Nero

Dauer: 3,5 bis 4 Stunden

Variante b:
Livadia - Besteigung des Koutsoumbas (494 m)

Dauer: 6 bis 7 Stunden

### Beschreibung der Wanderung Variante a:

Diese Variante der Wanderung ist bis auf den Abstecher in die Bucht Despoti Nero nicht anstrengend, da die Höhenmeter langsam ansteigend bewältigt werden. Der Küstenweg eignet sich hervorragend zur Entspannung und bietet neben faszinierenden Ausblicken gute Möglichkeiten zur Vogelbeobachtung. Der Abstecher nach Despoti Nero empfiehlt sich an dieser Stelle nicht zum Baden, kann aber wegen der dortigen Trinkwasserquelle von großem Nutzen sein.

Der Rückweg von Gera nach Livadia erfolgt auf demselben Weg.

## Beschreibung der Wanderung Variante b:

Der Gipfel des Koutsoumbas ist 494 m hoch. Der beschwerliche Auf- und Abstieg beansprucht die Knie und zieht sich in die Länge. Markierungen durch Steinmännchen sind zwar vorhanden, wegen des unübersichtlichen Geländes jedoch zum Teil nur schwer auffindbar. Insbesondere der Beginn des Aufstiegs südlich von Gera erfordert pfadfinderisches Gespür. Der Zick-Zack-Pfad ist nicht ausgesetzt; der Abstieg erfordert aber wegen des dichten Bewuchses und des Gerölls Konzentration.

Die Aussicht vom Gipfel des Koutsoumbas auf die gesamte Insel und auf die benachbarten Eilande ist großartig und belohnt die Mühen des Auf- und Abstiegs.

Bild: A. Spangenberg

Das Ziel stets vor Augen:
der 494 m hohe Koutsoumbas.

## Wegverlauf Variante a:

Der Wegeverlauf ist zunächst bis Gera für beide Varianten identisch.
Von Livadia aus umwandert man auf der mit Tamarisken bestandenen Küstenpromenade die weite Bucht von Livadia in östlicher Richtung. Hinter „Faros Restaurant" am alten Fischerhafen folgt man der steil ansteigenden Straße und erreicht schließlich das Kirchlein Agios Ioannis. Hier lohnt der weite Rundblick, der auch die der Ostküste vorgelagerte Insel Gaidaros einschließt.

Zugvögel auf dem Weg nach Norden finden im Frühjahr in dem offenen Gelände mit vereinzelten Bäumen um die Kapelle Agios Joannis ideale Nahrungsbedingungen. Im flachen Gras der aufgelassenen Terrassen suchen Trupps von Bachstelzen (Motacilla flava) und Schafstelzen (Motacilla alba) unaufhörlich nach Insekten. Dabei fallen vor allem die männlichen Schafstelzen mit ihrem leuchtend gelben Gefieder und variantenreichen Kopfzeichnungen ins Auge. Vereinzelt lässt sich auch die Maskenschafstelze (Motacilla flava feldegg), eine in den Balkanländern und der Türkei brütende Unterart der Schafstelze, beobachten. Durch ihren schwarzen Kopf ist sie von der Schafstelze zu unterscheiden.

Auch der amselgroße Wiedehopf (Upupa epops) ist ein Durchzügler, den man hier gut beobachten kann. Er ist vor allem an seiner Kopfhaube und dem leicht gebogenen langen Schnabel zu erkennen. Dieser eignet sich hervorragend als Stocherwerkzeug, um im lockeren Boden nach Insekten, der Hauptnahrung des Wiedehopfs, zu suchen. Auffällig wird der schöne Vogel jedoch nur beim Fliegen, da seine schwarzweiße Gefiederzeichnung ihn am Boden hervorragend tarnt.

Das offene Gelände lieben auch die mit ihrem rotbraunen Scheitel auffälligen Rotkopfwürger. Sie benutzen Bäume und Legesteinmauern als Beobachtungswarte. Mit dem kräftigen, hakenförmigen Schnabel werden vor allem Insekten gefangen. An der Steilküste, oberhalb derer der Weg später verläuft, brütet die Felsenschwalbe (Ptyonoprogne rupestris). Sie gleicht der Uferschwalbe, hat aber eine dunklere Unterseite und kein Brustband und wirkt insgesamt plumper als die kleineren Uferschwalben. Aus der Nähe kann man weiße Flecken an der Schwanzspitze erkennen. Ihr Schwanz ist ungegabelt.

Bild: J. Schneider

Rotkopfwürger (Lanius senator).

Hinter dem Kirchlein folgen wir dem Monopati, der stets an den Berghängen entlang oberhalb der Küste verläuft und zunächst langsam ansteigend an Höhe gewinnt. Später steigt der Pfad in Serpentinen steil an. Hier dominieren auffallend große Büsche von Herbst-Seidelbast (Daphne gnidium) und Baumartiger Wolfsmilch (Euphorbia dendroides), die in lockerem Bewuchs den ganzen Hang bis zur Küstenlinie besiedeln.

An einer Weggabelung folgt man weiterhin dem Hauptweg. Nachdem der Weg linker Hand eine mit rosablütigem Oleander (Nerium oleander) bewachsene Spülrinne überquert hat, gelangt man in einen früher im Sommer dicht besiedelten Inselteil. Hinter den mächtigen Mauern der aufgelassenen Terrassen verteilen sich unregelmäßig alte Kulturbäume wie z.B. Johannisbrot- (Ceratonia siliqua), Mandel- (Prunus dulcis) und Terpentin-Pistazienbäume, die auch vom Wasserreichtum dieser Gegend zeugen.

Bild: A. Spangenberg

Mühsam aufgeschichtete Steinwälle schützten einst die kostbare Humuserde vor Wind und Wetter.

Im weiteren Wegeverlauf bieten sich wunderschöne Ausblicke: die Berghänge fallen steil, unterbrochen von Kerbtälern, zum Meer ab und der Blick öffnet sich auf den mächtigen Bergrücken des Koutsoumbas, dessen Besteigung in Variante b. beschrieben wird.

Wo das Relief sanfter wird, weist ein Steinmännchen auf eine Abzweigung zur Bucht von Despoti Nero hin. Der Pfad zur Bucht erreicht in Serpentinen eine Talrinne, läuft unterhalb einer Felsgruppe an dieser entlang und überquert die Rinne an einer Stelle, wo wilde Birnbäume (Pyrus amygdaliformis) wachsen, bis man kurz darauf Despoti Nero erreicht. Kurz vor dem Ziel gilt es allerdings noch, vorsichtig einen abschüssigen, ausgewaschenen Hang zu überqueren.

In Despoti Nero gibt es Süßwasser. Alte Tamarisken (Tamarix) und ein Feigenbaum (Ficus carica) bezeugen dies. Frisches Quellwasser fließt auch in den Sommermonaten aus dem Fels in eine Steintränke.

Wer noch genügend Trinkwasser bei sich hat, kann auch ohne den Abstecher nach Despoti Nero dem Weg folgen und erreicht bald die verlassene Siedlung von Gera. Hier lebten die Bewohner von Tilos früher nur im Sommer und bebauten die Terrassen, die sich heute noch bis hinauf auf die Berghöhen erstrecken.

Es ist zwar spannend, in Gera auf Entdeckungstour zu gehen, aber es stimmt zugleich melancholisch zu sehen, wie viele Spuren früherer Besiedlung auf dieser kleinen Insel dem allmählichen Verfall preisgegeben sind. Nur die allgegenwärtigen Ziegen nutzen auch hier die Ruinen als willkommene Unterstände vor den Unbilden des Wetters.

Der Rückweg erfolgt auf dem gleichen Weg und wird mit ständig wechselnden Ausblicken auf die buchtenreiche Ostküste zum Genuss.

Bild: A. Spangenberg

Früher nur im Sommer bewohnt, heute ganz aufgegeben: die Siedlung Gera.

**Wegverlauf Variante b:**

(Bis nach Gera wie Variante a)
Wanderer, die sich für die Variante b entscheiden, müssen vor allem am Beginn des Aufstiegs zum Koutsoumbas pfadfinderisches Gespür entwickeln.

Man folgt zunächst dem Monopati oberhalb von Gera bis zu einer eingefassten, aber leider ausgetrockneten Wasserstelle neben einer Palme. Orientierung gibt dann in südlicher Richtung zunächst ein Johannisbrotbaum und weiter in dieser Richtung ein Feigenbaum.

Von hier aus führt halblinks ein Pfad auf die gegenüberliegende Westflanke des Koutsoumbas. Der Weg verläuft anfangs zwischen einzelnen großen Felsbrocken und überquert dann eine kleine und eine größere Spülrinne neben einer mächtigen Legesteinmauer.

Bild: A. Spangenberg

Von nun an kann man sich an den Steinmännchen orientieren und dem Pfad im Zick-Zack folgen. Zwischendurch gibt es immer wieder Abschnitte, die weniger stark zugewachsen sind und das Gehen erleichtern.

Erst kurz vor dem Ziel tauchen die Sendemasten auf - Bestandteile einer Fernmeldestation, die inzwischen durch eine leistungsfähigere Station auf dem Amali-Berg westlich von Livadia ersetzt wurden. Jetzt sind diese Anlagen - ebenso wie der nicht mehr genutzte Monopati - der Natur preisgegeben.

Der Gipfel belohnt mit schönen Ausblicken auf die gesamte Insel. Auf dem Rückweg hat man stets die Ostküste der Insel vor Augen, sollte jedoch nicht vergessen, sich auf den unebenen Weg zu konzentrieren.

## Wanderung 3:

## Rundwanderung von Livadia an den Strand von Lethra und durch die Potami-Schlucht

Dauer: 3 - 4 Stunden

**Hinweis:**
*Aufgrund starker Regenfälle im Winter 2012/2013 ist der Weg im Anfangsbereich hinter dem „Illidi Rock" Hotel abgerutscht und keinesfalls begehbar (Absturzgefahr in einigen Bereichen). Es bedarf aufwändiger Sanierungsmaßnahmen, um den Weg wiederherzustellen. Bei Erscheinen des Reiseführers war nicht vorhersehbar, wann diese stattfinden, so dass unklar ist, wann der Weg in der unten beschriebenen Form wieder freigegeben wird. Da es sich jedoch um einen sehr beliebten Wanderweg handelt, besteht Hoffnung, dass die Sanierungsmaßnahmen bald angegangen werden.*

### Beschreibung der Wanderung:

Dieser Rundweg verbindet eine Küstenwanderung mit einer Schluchtwanderung. Bei Interesse kann die Besichtigung von Mikro Chorio mit einbezogen werden, obwohl ein separater Besuch der Geisterstadt in jedem Fall auch lohnenswert ist.

Die abwechslungsreiche Küstenwanderung mit herrlichen Aussichten auf die Buchten und vorgelagerten Inseln der Ostküste ist nicht anstrengend und führt über einen breiten, gut begehbaren Monopati. Der Weg durch die Schlucht ist etwas mühsamer und schweißtreibend, da man bergauf durch das Geröll des Bachbetts steigen muss. Wer diese Mühe scheut und den Reiz einer Canyonwanderung nicht vermisst, kann auch bequemer oberhalb der Schlucht entlanggehen und die Aussicht genießen.

Der Küstenweg eignet sich hervorragend als Spaziergang mit guten Naturbeobachtungsmöglichkeiten oder mit Badevergnügen in den Buchten von Ammochostis (Red Beach) und Lethra.

Kurz vor dem Abzweig zur Bucht von Ammochostis (Red Beach).

Bild: A. Spangenberg

**Wegverlauf:**

Leider ist es nicht möglich, diese Tour vom Hafen von Livadia aus anzugehen, da der hier beginnende Küstenweg nur bis zum Anfang der Hotelanlage „Illidi Rock" reicht und dort in einer Sackgasse endet. Um den Ausgangspunkt zu finden, folgt man daher zunächst der Straße nach Megalo Chorio. Kurz nach den letzten Häusern von Livadia biegt man rechts auf eine zum Hotel „Illidi Rock" führende Straße ab. Hinter dem Hotel „Illidi Rock" beginnt nach einem Ziegenzaun der Monopati, der Livadia mit der Bucht von Lethra verbindet. Man wandert – umgeben von den typischen Pflanzen der Phrygana langsam bergauf mit einem wunderschönen Rundblick auf die Bucht von Livadia.

Entlang des Weges wird das Rauschen des Meeres von den tickenden Warnlauten verschiedener Grasmückenarten begleitet. Sie vermelden zahlreich ihr heimliches Dasein in den Büschen der Phrygana. Besonders häufig ist dabei die Samtkopfgrasmücke (Sylvia melanocephala) - für Tilos geradezu ein Charaktervogel. Anhand der namensgebenden schwarzen Kappe und dem roten Augenring ist das Männchen leicht von den anderen Grasmückenarten zu unterscheiden. Die Weibchen sind unscheinbarer: Sie haben einen grauen Kopf, einen braunen Rücken und graubraune Flanken, und der Augenring ist matter rot als beim Männchen. Sowohl Weibchen als auch Männchen aber verraten sich durch ihren Gesang, der einem lauten Gezeter gleicht. Die Art ist wenig scheu und zeigt sich oft. Auffallend ist dabei die geringe Fluchtdistanz dieser kleinen Vögel, die hier offensichtlich – anders als auf anderen Inseln im Mittelmeerraum - noch keine schlechten Erfahrungen mit den Menschen gemacht haben.

Eine weitere Art, die, wenn auch aus weiterer Distanz auf dieser Wanderung beobachtet werden kann, ist die Mittelmeer-Krähenscharbe. Sie trocknet ihr Gefieder mit gespreizten Flügeln auf den Felsen im Meer. Diesen Tauchvögeln fehlt, wie auch den Kormoranen, mit denen sie eng verwandt sind, eine wirksame Bürzeldrüse, deren Fett das Gefieder trocken hält. Mittelmeer-Krähenscharben sehen Kormoranen sehr ähnlich, sind aber insgesamt etwas kleiner als diese. Auch ist ihr Schnabel dünner. Bisweilen kann man ihr interessantes Tauchverhalten auch am Strand von Livadia oder am Hotel „Illidi Rock" beobachten.

Ein weiterer Bewohner der Steilküsten ist die starengroße Blaumerle (Monticolar solitarius) mit ihrem glänzenden Gefieder – der Wappenvogel von Malta. Nur die Männchen der Art sind schieferblau und werden so ihrem Namen gerecht, während die Weibchen eine grauschwarze Färbung mit hellen Flecken aufweisen. Der weit schallende Gesang der Blaumerle wirkt flötend und melancholisch und erinnert an den der Amsel. Ansonsten als scheu beschrieben, lassen sich Blaumerlen auf Tilos auch aus der Nähe beobachten.

Blaumerle (Monticolar solitarius) mit erbeuteter Schlange.

Bild: Fischer

Wenn man die Bucht verlässt, erreicht man einen eindrucksvollen Aussichtspunkt, wo einige Wanderer zu Ehren einer verstorbenen Liebhaberin dieses Ortes Gedenksteine niederlegen. Besonders schön ist der Ausblick von hier am späten Nachmittag, wenn die Sonne die vorgelagerten Inseln und Buchten in warmes Abendlicht taucht. Ca. 160 m nach der Gedenkstelle zweigt ein mit Steinmännchen markierter Weg steil bergab zum so genannten Red Beach, der vor allem im Sommer ein beliebter Badeplatz ist.

Wer die Wanderung in Richtung Lethra fortsetzen will, bleibt weiter auf dem oberhalb der Küste verlaufenden Monopati. Nach einiger Zeit zweigt der obere Schluchtweg links ab (s.u.). Ca. 60 m hinter dieser Abzweigung - gegenüber einem windschiefen Olivenbaum - hält man sich rechts und folgt dem Weg, der in Serpentinen zur Bucht von Lethra führt.

Während des Abstiegs sollte man auf die zahlreichen Illyrischen Gladiolen (Gladiolus illyricus) achten, die ebenso wie die Pyramiden-Orchis (Anacamptis pyramidalis) im Schutz von Thymian und Salbei wachsen.

Blick auf Lethra.

Bild: A. Spangenberg

Bild: W. Kaufmann

Illyrische Gladiole (Gladiolus illyricus).

Im Tal gabelt sich der Weg und steigt nach links bergan durch den Canyon zur Verbindungsstraße Livadia - Megalo Chorio. Hier wird die Wanderung nach dem Abstecher ans Meer fortgesetzt.

Der Weg nach rechts führt durch das Bachbett zum Meer, wobei wiederum Steinmännchen zusätzliche Orientierung geben. Entlang aufgelassener Terrassen, Steinwällen und alter Kulturbäume – stumme Zeugen vergangener landwirtschaftlicher Nutzung - erreicht man schließlich das Meer. Bevor man mit dem zweiten, schweißtreibenderen Teil der Wanderung startet, bietet sich eine Pause mit Bad im Meer an.

Entlang einer Steinmauer führt der Pfad an den Strand von Lethra.

Bild: A. Spangenberg

Bisweilen ist die Luft erfüllt von einem unangenehmen, aasähnlichen Geruch. Bei näherem Hinsehen entpuppt sich der Übeltäter als die Gewöhnliche Schlangenwurz (Dracunculus vulgaris), ein Aronstabgewächs. Auffällig sind die Größe der Pflanzen und das außen grüne und innen braune purpurfarbene Hochblatt mit dem gewellten Rand, das einen gleichfarbigen Blütenkolben mit getrennten männlichen und weiblichen Blüten umgibt.

Besonders interessant ist der Bestäubungsmechanismus von Aronstabgewächsen. Der für Menschen widerliche Geruch ist dabei maßgeblich, denn durch ihn werden Fliegen angelockt. Zusätzlich verstärkt sich der Geruch dadurch, dass im Inneren des Blütenkolbens Wärme erzeugt wird, um die Verdunstung der Duftstoffe zu fördern. Die dunkle Farbe des Kolbens begünstigt dabei die Aufnahme von Wärmestrahlung. Beim Versuch der Insekten, sich auf dem Hochblatt niederzulassen, finden sie auf der inneren Oberfläche keinen Halt, denn diese ist durch einen Ölfilm sehr glatt.

Sie rutschen ab und gelangen in die untere, kesselförmige Erweiterung des Hochblatts, in welcher die weiblichen und männlichen Blüten getrennt am unteren Ende des Blütenkolbens sitzen. Im Inneren dieser sogenannten Kesselgleitfalle, in der das Insekt gefangen ist, vollzieht sich nun innerhalb der nächsten Tage die Bestäubung, während tröpfchenförmige Ausscheidungen der Narbenspitzen die Ernährung der Fliegen sichern. Wenn die Staubblätter am zweiten Tag heranreifen, welkt das Hochblatt, so dass die nun mit Pollen bepuderten Fliegen die Blüte verlassen können.

Bild: W. Kaufmann

Gewöhnliche Schlangenwurz (Dracunculus vulgaris).

Nach dem Abstecher ans Meer wird der Weg an der oben beschriebenen Stelle durch den Canyon fortgesetzt. Talaufwärts säumen Oleanderbüsche, eine typische Auenpflanze feuchter Bachtäler, den im Frühjahr ausgetrockneten Bachlauf. Im zeitigen Frühjahr findet man in der Schlucht das Persische Alpenveilchen (Cyclamen persicum), eine Wildform unserer kultivierten Topfalpenveilchen. Ihre weißen oder blassrosa Blüten entspringen, ebenso wie die herzförmigen Blätter, unterirdischen Knollen, die als Vorratskammern die notwendigen Nährstoffe für den Frühjahrsaustrieb bereitstellen (siehe Bild Seite 70).

In der Schlucht fällt die Orientierung leicht, da das Bachbett und die Steinmännchen den Weg vorgeben. Einzig an einer alten Zypresse ist der Wegverlauf nicht so deutlich: hier muss man sich links halten und an einem großen Felsen vorbeigehen. Danach ist der Pfad wieder klar erkennbar. Eine eingefasste Quelle mit Trinkwasser bildet den Abschluss der lohnenswerten Rundwanderung.

Bild: A. Spangenberg

Aufstieg durch die Potami-Schlucht.

Alraune (Mandragora officinarum), auf dem Weg nach Livadia zu sehen.

Bild: A. Spangenberg

Alternativ zu der Wanderung durch die Schlucht bietet sich die bequemere Möglichkeit, die Bucht von Lethra oberhalb der Schlucht zu umgehen. Dazu verlässt man den Monopati links an einer mit Steinmännchen gekennzeichneten Stelle, bevor dieser zur Bucht von Lethra abfällt. Die Abzweigung auf dem bergan steigenden Pfad ist durchgehend markiert und bietet eine schöne Aussicht, aber keine lohnenden Ausblicke in die Schlucht. An der eingefassten Quelle trifft der Weg wieder mit dem Schluchtweg zusammen.

Von der Quelle aus erreicht man die Hauptstraße unweit eines verrosteten Bulldozers und folgt dieser linker Hand nach Livadia. Ein Monopati zweigt später links von der Straße ab und erspart dem Wanderer die lästigen Serpentinen, bis ein Johannisbrotbaum das Ende des Pfades anzeigt.

**Besuch von Mikro Chorio (zusätzliche Gehzeit 1,5 bis 2 h):**

Bei Interesse und guter Kondition kann die Wanderung durch die Besichtigung von Mikro Chorio ergänzt werden. Dazu überquert man bei dem verrosteten Bulldozer die Hauptstraße und folgt an dem Straßendurchlass ca.160 m weit dem ausgetrockneten Bachbett, bis rechts der Monopati als Treppe abzweigt und durch die verfallenden Terrassen bergauf zur verlassenen Siedlung führt. Dorthin gelangt man nach ca. 45 min.

(Mehr zum „Geisterdorf" Mikro Chorio auf S. 60/61).

Der Rückweg verläuft bequem über eine unbefestigte Straße, auf die man unterhalb eines renovierten Hauses, das im Sommer als Diskothek genutzt wird, trifft. An dem Betonweg, der zur Sendestation führt, biegt man links ab. Ca. 180 m hinter einem Gedenkschrein beginnt schließlich rechts der Monopati, der nach Überquerung der Hauptstraße nach Livadia führt.

Bild: A. Spangenberg

Einstieg in die Wanderung nach Mikro Chorio.

## Wanderung 4:

## Auf dem Olympus-Naturlehrpfad - Besteigung des Aussichtsberges „Profitis Ilias" (456 m)

## Dauer: 4 - 5 Stunden

### Beschreibung der Wanderung:

Diese Tour hat als einzige auf Tilos echten „Bergcharakter" und erfreut zudem durch das überaus lohnenswerte Panorama. Der Wanderer erhält so einen umfassenden Überblick über die Insel Tilos und die benachbarten Eilande der Dodekanes. Außerdem erfährt er anhand von Schautafeln Wissenswertes über die prähistorischen Zwergelefanten und über die Fauna und Flora der Insel. Der Aufstieg zum Gipfel des Profitis Ilias ist steil und zum Teil rutschig, aber gut markiert. An einigen Stellen ist der Pfad ausgesetzt, weshalb Schwindelfreiheit und Trittsicherheit erforderlich ist.

Vor allem an heißen Tagen bietet es sich an, die Wanderung am frühen Morgen zu beginnen, wenn die Westflanke des Berges noch im Schatten liegt. Bei starkem Wind können vor allem die ausgesetzten Stellen unangenehm sein.

Der Weg gliedert sich in drei Abschnitte: Abschnitt A führt vom Hubschrauberlandeplatz zum Kirchlein Agios Taxiarchis und ist leicht begehbar. Abschnitt B führt zur zweiten Informationstafel und ist steiler. Abschnitt C schließlich führt zum Gipfel und ist sehr steil.

Bild: A. Spangenberg

Einstieg in die Wanderung auf den Profitis Ilias.

**Wegverlauf:**

Von der Verbindungsstraße zwischen Livadia und Megalo Chorio biegt man rechts an der südlichen Seite des Hubschrauberlandeplatzes auf eine unbefestigte Straße ab und folgt dieser bis zu einer Tafel, die auf den Lehrpfad aufmerksam macht. Hier wandert man geradeaus weiter ins Gelände. Sollte man den Einstieg in den Weg nicht finden, geht man im Zweifelsfall bis zur ersten Terrasse durch das Gelände. Hier gibt eine weitere Informationstafel Auskunft über die prähistorischen Zwergelefanten (mehr zu den Zwergelefanten von Tilos auf S. 56/57), und Steinmännchen sowie rote Punkte weisen den weiteren Wegverlauf.

Ein Stück weiter auf dem Pfad erreicht man eine Spülrinne, der man bis zu einer Legesteinmauer folgt. Linker Hand der Mauer in der Spülrinne steht ein Birnbaum. Dort überquert man die Rinne und folgt ihr auf der linken Seite bergauf bis in die Höhe des Kirchleins Agios Taxiarchis, wo der Pfad links abbiegend auf das erste Etappenziel zuführt.

Bild: A. Spangenberg

Ziel der ersten Wegetappe: das Kirchlein Agios Taxiarchis.

Linker Hand vom Kapelleneingang in Höhe der Apsis führt der „Olympus Path" nun steiler bergauf und geht am Ende eines Kerbtales in Serpentinen über. Von hier aus sieht man schon das nächste Ziel der Wanderung, das „Haus der Italiener".

Unterwegs informiert eine Schautafel über Fauna und Flora der Phrygana. Hier empfiehlt es sich, eine Rast einzulegen, um den herrlichen Rundblick auf die Burgruine von Megalo Chorio, die Bucht von Agios Antonios und die Bucht von Eristos zu genießen.

Der Rastplatz bei der Schautafel zu Fauna und Flora ist auch hervorragend zur Vogelbeobachtung geeignet. Mit etwas Glück lassen sich die seltenen Habichtsadler beobachten, die gewöhnlich paarweise äußerst wendig an den Berghängen entlang gleiten oder in der Thermik segeln. Auch die auf der Insel seltenen Kolkraben (Corvus corax) zeigen hier ihren Balzflug. Die Art ist an ihren rauen, heiseren Rufen leicht zu erkennen.

Zur Zugzeit faszinieren auch pfeilschnelle Alpensegler (Tachymarptis melba). Diese Vögel sind mit einer Spannweite über 50 cm die größten Segler Europas. Die weiße Kehle und ihr weißes Bauchgefieder, unterbrochen durch ein scharf abgesetztes dunkles Brustband, sowie die sichelförmigen Flügel bieten sichere Erkennungsmerkmale. Ähnlich wie Mauersegler verbringen sie ihr ganzes Leben – sogar wenn sie schlafen – in der Luft und lassen sich nur zum Brüten in steinigen Brutnischen nieder. Einmal aus dem Nest gefallen, sind sie am Erdboden völlig hilflos. Ihre kurzen Beine und die im Verhältnis zur Körpergröße sehr langen Flügel sind eine Anpassung an das Anklammern an senkrechte Wände und an den Lebensraum Luft. Bedingt durch die Klimaerwärmung beobachtet man bei diesen Bewohnern Südeuropas auch eine Ausdehnung des Verbreitungsgebietes nach Norden. (s. Bienenfresser, S. 158).

Alpensegler (Tachymarptis melba).

Bild: J. Schneider

In steilen Serpentinen windet sich der Pfad weiter aufwärts, wobei der Rundblick mit zunehmender Gipfelhöhe immer spektakulärer wird. Die Vegetation ist auf dem letzten Abschnitt sehr karg. Dabei dominieren Meerzwiebel und Affodill, einkeimblättrige Pflanzen, die zu den Liliengewächsen gehören.

Kurz vor dem Gipfel passiert man noch eine Wasserstelle mit üppiger Vegetation. Je nach Jahreszeit bietet das spärliche Trinkwasser aus dem Felsen eine willkommene Erfrischung auf dem schweißtreibenden Weg.

Das „Haus der Italiener", die Ruine eines Gebäudes der ehemaligen italienischen Besatzung aus dem 2. Weltkrieg, ist das nächste Ziel unserer Wanderung. Es diente als Überwachungsstation und die Soldaten verständigten sich von hier aus mit Hilfe von Teleskopspiegeln von Insel zu Insel. Es ist geplant, das verfallene Haus zu restaurieren, um dort Übernachtungsmöglichkeiten zu schaffen.

Bild: K. Grund

Das „Haus der Italiener" unterhalb des Gipfels.

Ausblicke auf der Wanderung - hier auf die Ebene von Eristos.

Oberhalb der Ruine lohnt sich ein längerer Aufenthalt auf dem Gipfel, um bei klarem Wetter die Inseln der Dodekanes zu identifizieren: Von Norden her erstrecken sich die Inseln Nisyros, Kos, Symi, Halki und Rhodos. Ebenfalls zu sehen ist das türkische Festland. Eine Schautafel erläutert die Ansicht von Tilos aus der Vogelperspektive.

Der Abstieg erfolgt auf demselben Weg, wobei wegen der Rutschgefahr durch lockere Steine besondere Achtsamkeit geboten ist.

Bilder: K. Grund

Hochgebirgslandschaft am Profitis Ilias.

## Wanderung 5:

## Von Megalo Chorio in die Bucht von Skafi

## Dauer: 1,5 - 2 Stunden

### Beschreibung der Wanderung:

Die Bucht von Skafi ist die einzige Badebucht auf Tilos, die in kurzer Zeit und mit einem relativ bequemen Fußmarsch zu erreichen ist. Die Strecke eignet sich gut als Einstimmung auf die mediterrane, karge Schönheit der Landschaft und vermittelt ein Gefühl für südliche Wanderwege. Mit dem Ziel vor Augen, sind beim Abstieg zum Strand nur geringe Höhenunterschiede zu bewältigen. Die leichte Wanderung kann sehr gut als Rundweg unternommen werden, wobei der Rückweg einen weiten Überblick über das Tal von Skafi und die Ebene von Eristos vermittelt.

Da sich das Tal zwischen der Bucht von Skafi und dem Strand von Eristos in Nord-Süd-Richtung erstreckt, muss mit viel Sonne und Wind gerechnet werden.

Bild: A. Spangenberg

Die Bucht von Skafi.

**Wegverlauf:**

Von der Verbindungsstraße zwischen Livadia und Megalo Chorio zweigt ca. 200 m vor dem Ortseingang von Megalo Chorio rechts eine breite, unbefestigte Straße zum Strand von Skafi ab. Dieser folgt man in östlicher Richtung durch fruchtbares Kulturland mit Pistazienbäumen und wilden Birnen. Linker Hand erhebt sich die „Inselmetropole" Megalo Chorio und der mächtige Burgberg. Stellenweise hat die Straße den Charakter eines Hohlwegs, in dessen Schutz an den Legesteinmauern große Büsche von Gewürzpflanzen wie z.B. Wilder Majoran, Griechischer Salbei und Kopf-Thymian gedeihen. Auch die streng riechende Aleppo-Weinraute (Ruta chalepensis) gehört zu den nutzbaren Zwergsträuchern; ihre Blätter dienten früher zur Haltbarmachung von Wein.

Bild: A. Spangenberg

Weinraute (Ruta chalepensis).

An einer trockenen alten Zisterne, die von Wildbienen beflogen wird, zweigt links ein Abstecher zu einer inmitten aufgelassener Terrassen gelegenen, restaurierten Kapelle (Agia Paraskevi) ab. Von hier aus sieht man auf der anderen Talseite ein weiteres Kirchlein, das oberhalb eines Eichenwäldchens liegt. Bei Letzterem handelt es sich – wie auch an anderen Stellen auf Tilos - vermutlich um Reste früherer größerer Waldbestände, von denen heute nur noch inselartig verteilte Überbleibsel zu finden sind.

Auf der steinigen Straße gelangt man zunächst bergauf und geht dann links an einer langen Trockenmauer entlang. An der nächsten Weggabelung hält man sich rechts. Ca. 200 m hinter einem betonierten Wasserbecken zweigt der Pfad nach links zur Bucht von Skafi ab. Nun verläuft der Weg oberhalb eines Bachbetts, wo dichte Oleanderbüsche und eine eingefasste Quelle unterhalb eines Eukalyptusbaumes wasserführende Schichten anzeigen.

Dank der Arbeit vieler Jugendlicher eines internationalen Workcamps im Sommer 2007 ist der letzte Wegabschnitt wieder gut begehbar. Durch die niedrigen Kugelbüsche der Phrygana erreicht man so schnell den Strand und kann nach einem erfrischenden Bad im Meer den Rückweg über Megalo Chorio antreten. Dazu biegt man hinter dem Wasserbecken an einer Weggabelung halbrechts ab und geht auf dem Höhenweg geradeaus weiter. Hinter einer Kapelle, die heute von den Ziegen als Schlafplatz missbraucht wird, erreicht man den nordöstlichen Ortsausgang von Megalo. Hier weist ein Hinweisschild den Weg zum Castro (s. Wanderung 11).

Bild: K. Grund

Ziel der Wanderung: die Bucht von Skafi.

Das Tal, durch das die Wanderung verläuft, öffnet sich nach Süden in die fruchtbare Ebene von Eristos und nach Norden zur Skafi-Bucht. Durch die umliegenden Gebirge übt das Tal auf Zugvögel einen Flaschenhalseffekt aus; zudem bietet es ihnen Nahrung und Wasser und ist ohne Hindernisse zu durchfliegen. Deshalb ergeben sich hier sichere Möglichkeiten für die Vogelbeobachtung. Neben Rauch- und Mehlschwalben (Hirundo rustica/Delichon urbica) lassen sich sowohl im Herbst wie auch im Frühjahr durchziehende Trupps von Bienenfressern sehen. Schon von Weitem sind die farbenfrohen "fliegenden Edelsteine" an ihren zarten, hellen, monotonen Rufen eindeutig von anderen Arten zu unterscheiden. Ältere Vögel der Art erkennt man, im Gegensatz zu den Jungvögeln, an ihren auffälligen Schwanzspießen. Auf der Suche nach Insekten setzen sie kreisend ihre Zugrichtung fort. Sie rasten gerne auf Telegrafendrähten oder in den dichten Oleanderbüschen der ausgetrockneten Bachläufe.

Bisher brüten auf Tilos nur wenige Bienenfresser, obwohl die steilen Sand- und Mergelwände einiger Schluchten geeignete Brutnischen bieten und das Nahrungsangebot überaus reichlich ist. Der Bienenfresser ist eine wärmeliebende Vogelart und bevorzugt Südeuropa. Galten Bienenfresser in Deutschland in den 1980er Jahren als ausgestorben, wandert die Art seit Anfang 1990 – vermutlich aufgrund des Klimawandels – wieder in trocken-warme Gebiete Deutschlands ein.

Bild: Heinz Lehmann

Bienenfresser (Merops apiaster).

## Wanderung 6:

## Auf dem Panoramaweg vom Kloster Agios Panteleimonas zum Kloster Agios Kamariani

## Dauer: 4 - 5 Stunden

### Beschreibung der Wanderung:

Diese mittelschwere Wanderung belohnt mit herrlichen Ausblicken auf die benachbarten Inseln und das türkische Festland. Zudem machen die Lage und Geschichte des Klosters sowie der Klostergarten Agios Panteleimonas überaus sehenswert. Der 2008 restaurierte Monopati verbindet die Klöster Agios Panteleimonas und Agios Kamariani. Rote Markierungen und Wegweiser helfen bei der Orientierung. In dem Bemühen um Sauberkeit wurden zwar in einer lobenswerten Absicht Papierkörbe installiert; allerdings ist eine geregelte Müllabfuhr in den Bergen kaum möglich, und Ziegen, Nebelkrähen und Wind tragen zur gleichmäßigen Verteilung des Mülls bei.

Es ist empfehlenswert, die Wanderung am Kloster Agios Panteleimonas zu beginnen (Anfahrt mit dem Bus von Livadia), damit man den steilen Anstieg schon hinter sich hat. Beim Abstieg zum Kloster Agios Kamariani kann man dann die herrlichen Ausblicke genießen. Am Ende der Wanderung bietet sich die Gelegenheit, sich in einer der beiden Tavernen von Agios Antonios zu stärken, bevor man die Wanderung nach Megalo Chorio fortsetzt und von dort aus den Bus nach Livadia nimmt (Achtung: In der Vorsaison fährt der letzte Bus von Megalo Chorio nach Livadia schon gegen 14 Uhr!) oder direkt von Agios Antonios aus zurückfährt.

Vor Beginn der Wanderung lohnt sich ein Besuch des Klosters Agios Panteleimonas einschließlich des Klostergartens.

Angeschmiegt an die Felsen des Profitis-Ilias-Gebirgsstocks im höchsten und wildesten Teil der Insel wird hier der alpine Charakter der Westküste besonders deutlich. In geschützter Lage im Ursprungstrichter einer fruchtbaren Spülrinne offenbart sich das Kloster dem Wanderer erst im letzten Augenblick. Kristallklares, erdgekühltes Quellwasser, das hier in einem kräftigen Strahl aus dem Berg tritt, bietet willkommene Erfrischung.

Die Klosteranlage, welche die im griechisch-orthodoxen Stil erbaute Patronatskirche Agios Panteleimonas umschließt, erweckt mit ihrem Bergfried den Eindruck einer mittelalterlichen Burg. Der Wohntrakt der Mönche, das sog. Dormitorium, erinnert in Stil und Farbe an ein tibetanisches Kloster. Derzeit besteht keine reguläre Möglichkeit, in dem Kloster zu übernachten. Sollte dennoch Interesse bestehen, die Nacht in einer der Zellen zu verbringen, kann dies im Vorfeld mit dem Abt des Klosters geklärt werden.

Der Klostergarten mit seinen verwilderten Terrassen erstreckt sich talseits weit in die Bucht hinein. Die verschiedenen Baumarten wie z.B. Walnuss (Juglans regia), Lorbeer (Laurus nobilis), Maulbeere (Morus alba) und Judasbaum (Cercis siliquastrum) schreiben Klostergeschichte: Man kann sich gut vorstellen, wie sich die Mönche zu Zeiten, als das Kloster noch vollständig bewohnt war, darum bemühten, solche Baumarten zu pflanzen, die ihnen zu einer autarken Lebensweise verhalfen.

Auch der Paternosterbaum (Melia azederach), ursprünglich persischer Herkunft, mit auffallend lila Blüten und einem Duft, der an Flieder erinnert, leistete seinen Dienst, indem seine Früchte die Perlen für den Rosenkranz lieferten.

Im Klostergarten spenden riesige Zypressen (Cupressum sempervirens) und Platanen Schatten und vermitteln ein südländisches Flair, wozu auch die allgegenwärtigen Katzen ihren Beitrag leisten.

Riesenfenchel (Ferula communis).

Bild: A. Spangenberg

Bild: A. Spangenberg

Agios Panteleimonas.

Bild: K. Grund

**Wegverlauf:**

Nach Besichtigung der Klosteranlage geht man ca. 200 m auf der Zufahrtsstraße zurück, bis gegenüber von einem weißen Häuschen neben einer Hinweistafel der bequeme Einstieg in den alpinen Pfad beginnt. Man folgt diesem mit roten Punkten markierten, parallel zur Küste verlaufenden Pfad nach Norden. Dabei hat man einen schönen Blick auf das Felseneiland Gaidouronisi (Esel-Insel).

Bild: A. Spangenberg

Der Einstieg in die Wanderung.

Nach der Querung eines kleinen Geröllfeldes oberhalb eines steilen Abbruchs erreicht man über den Monopati schließlich einen Bergsattel. Hier liegt die Ruine der Kirche Kiria Doxa Si, deren gewaltiger Türsturz und viereckige Altarsteinplatte mit Inschrift bemerkenswert sind. Bei Windstille kann man dort auf bequemen Bänken eine längere Rast einlegen, bevor der steile und wegen der lockeren Steine im ersten Teil rutschige Abstieg beginnt – ein Streckenabschnitt, an dem die verborgen blühenden Orchideen der Gattung Ragwurz zu finden sind.

Unterhalb der Felswände, im Schatten einer von Ziegen verbissenen Eiche, eröffnet sich ein grandioser Ausblick: im Norden liegt die Vulkaninsel Nisyros, im Nordosten Kos und im Osten die türkische Küste. Vom Ringwall der Insel Nisyros leuchtet das weiße Bergdorf Nikia.

Bild: A. Spangenberg

Bild: K. Grund

Panorama und Impressionen auf dem Weg.

Im weiteren Verlauf der Wanderung biegt der Weg nach Süden ab und gibt den Blick auf die Bucht von Agios Antonios frei. Bald gelangt man an eine von zahlreichen alten Kulturbäumen bewachsene Stelle, die von den Einheimischen „Paradisi" genannt wird. Hier wird das Quellwasser gesammelt und zu dem in der Nähe gelegenen Kloster Agios Kamariani, dem nächsten Ziel unseres Panoramawegs, geleitet.

Auf der Straße gelangt der Wanderer nach Agios Antonios, wo im Sommer die beiden Tavernen abends zum Fischessen einladen.

Bild: A. Spangenberg

Bild: K. Grund

Blick auf Agios Antonios und im Hafen des Ortes.

## Wanderung 7:

## Vom Kloster Agios Panteleimonas über den Profitis Ilias in die Ebene von Eristos

Dauer: 6 - 7 Stunden

### Beschreibung der Wanderung:

Das Kloster Agios Panteleimonas ist Ausgangspunkt dieser langen und anstrengenden Wanderung zur Bucht von Eristos und bietet an der Quelle im Klostergarten die einzige Möglichkeit, sich ausreichend mit Wasser zu versorgen.

Die Wanderung ist keine Bergbesteigung, sondern ähnelt eher einer Gratwanderung. Sie führt bergauf und bergab über die einzelnen Bergflanken an der Westküste des sehr zerklüfteten Bergmassivs des Profitis Ilias, des mit 654 m höchsten Bergs der Insel. Wegen des alpinen Reliefs erfordert der Weg vom Wanderer Kondition und Ausdauer. Felsiges Geröll und unübersichtliches Gelände erschweren abschnittsweise erheblich das Wandern durch den Vegetationstyp der Phrygana. Die roten Markierungen sind bisweilen nur schwer zu erkennen, weshalb der Weg auf Schritt und Tritt Aufmerksamkeit erfordert. Belohnt werden diese Mühen aber mit unvergesslichen, ständig wechselnden Ausblicken und Perspektiven auf das tiefblaue Meer, das die Steilabfälle und Flanken umspült und mit beständiger Kraft zur weiteren Zerklüftung des Bergstocks beiträgt.

Am Ende der Wanderung bietet sich in der Bucht von Eristos eine gute Badegelegenheit, und Tavernen laden zur Einkehr ein.

Gebirgslandschaft am Kloster Agios Panteleimonas.

## Wegverlauf:

Der Einstieg zur Wanderung erfolgt über kleine Holzleitern linker Hand neben dem Eingang der Klosteranlage Agios Panteleimonas (Anfahrt mit dem Bus von Livadia). Am Ende des Klostergebäudes zweigt der Pfad nach links ab, gewinnt schnell an Höhe und umrundet oberhalb des Ursprungstrichters den an ein Amphitheater erinnernden beeindruckenden Talkessel. Hier liegt, an den Berghang geschmiegt, das Kloster. Gelegentlich gleiten hier die seltenen Habichtsadler über die Bergflanken, die in dieser einsamen Gegend auch einen Brutplatz haben.

Der zweite Bergsattel eröffnet den Blick nach Südwesten, und im Folgenden wechseln sich immer neue reizvolle Perspektiven mit Aussicht auf die grandiose, zerklüftete Westküste mit ihren Einschnitten, Steilabfällen und Buchten ab. Nach Passieren einer eingefassten Wasserstelle im mittleren Teil der Wanderung führt der Pfad links um eine weitere Bergzunge herum. Das Gelände ist nun sehr unübersichtlich und das Gehen über die Felsen bringt hier zwar keine Rutschgefahr, ist aber mühsam und zeitraubend. Die roten Punkte geben Orientierungshilfe, sind jedoch bisweilen nur schwer zu finden.

Der Weg führt bergab an einer Kapellenruine vorbei, umrundet den Ursprung einer Spülrinne, um dann auf dem gegenüberliegenden Berghang erneut anzusteigen, bis der Wanderer auf eine terrassenähnliche Felsplatte hoch oberhalb einer Meeresbucht gelangt, die nur auf dem Seeweg erreichbar ist. Es ist anzunehmen, dass sich in solchen einsamen Buchten manchmal noch einige der vom Aussterben bedrohten Mönchsrobben aufhalten. Bevor der letzte Abschnitt der Wanderung beginnt, empfiehlt es sich, hier eine Pause einzulegen, um sich vor dem zum Teil steilen Abstieg etwas zu erholen. Dann nämlich ist ein weiterer steiler Aufstieg zum Bergsattel zu bewältigen, dem sich ein langer, teils mühsamer Abstieg in die Küstenebene von Eristos anschließt, wobei man das Ziel der Wanderung – den Strand von Eristos – stets vor Augen hat.

Auf einem Landwirtschaftsweg erreicht man Eristos. Manchmal gibt es dann von dort aus eine Fahrgelegenheit nach Livadia oder Megalo Chorio, wonach man sich in der Taverne "En Plo" erkundigen kann. Ansonsten muss der Rückweg zum Ausgangsort zu Fuß erfolgen.

Bild: K. Grund

Am Ziel: der Strand von Eristos.

## Wanderung 8:

### Von Livadia an den Strand von Stavros

### Dauer: 3 - 4 Stunden

**Beschreibung der Wanderung:**

Die Strecke zur Bucht von Stavros mit ihren herrlichen Ausblicken eignet sich als Rundwanderweg. Dabei bietet sich außerdem die Gelegenheit, seltene Greifvogelarten wie z.B. Habichtsadler, Adlerbussarde oder Turmfalken (Falco tinnunculus) zu beobachten. Wenn man die Asphaltstraße meiden möchte, können Hin- und Rückweg auch auf demselben Pfad erfolgen.

Der Aufstieg von Livadia zur Höhenstraße, die von Mikro Chorio an der Mülldeponie vorbei nach Chita führt, verläuft sanft und ist durch rote Punkte und Steinmännchen gut zu erkennen. Nur stellenweise ist der ausgetretene Pfad etwas unterbrochen.

Der Abstieg zur Bucht von Stavros ist vor allem im letzten Teil steil und erfordert Achtsamkeit. In kurzen Abständen errichtete Steinmännchen geben dem Wanderer jedoch stets sichere Orientierung.

**Wegverlauf:**

Man folgt der Asphaltstraße, die von der Hauptkirche Agios Nikolaos zum Hotel „Tilos Mare" führt. Zwischen den letzten beiden Häusern beginnt der Monopati (Eingangstor hinter dem linken gelben Haus), der links oberhalb eines Canyons an aufgelassenen Terrassen vorbeiführt. Am Übergang des Canyons in eine Spülrinne überquert man diese und folgt linker Hand zunächst oberhalb der Rinne den roten Punkten und Steinmännchen in Richtung Westen.

Hinter einem Ziegenzaun führt der Pfad bergauf und vorbei an einem Olivenhain durch die dornigen Kugelginster (Genista radiata) der Phrygana zum Bergsattel.

Der Strand von Stavros.

Bild: Scherf

In diesem Abschnitt ist die Orientierung durch Steinmännchen etwas schwieriger. Schließlich erreicht man die Höhenstraße, auf der man noch ca. 100 m aufwärts geht. Dann folgt man nicht dem Schild zur Bucht von Stavros, sondern umgeht die Felsbrocken linkerhand, bis man das Ende eines Zauns erreicht, der bestellte Terrassen vor Ziegenfraß schützt. Hier ist der stark zugewachsene Monopati noch zu erkennen, der den Wanderer entlang der rechten Hangseite allmählich bergab führt.

An der Stelle, wo das Tal links in einen breiten Felsdurchbruch mündet, geht man geradeaus weiter bis zu einer weiteren Spülrinne. Orientierung gibt auch eine Kapellenruine, die, umgeben von Olivenbäumen, auf der gegenüberliegenden rechten Bergseite liegt.

Auf dem Pfad gelangt man nun, der Spülrinne folgend, steil bergab zur einsamen Bucht von Stavros, wo ein erfrischendes Bad die Anstrengung des Weges zwar vergessen lässt, wegen des allgegenwärtigen Plastikmülls aber keine rechte Badefreude aufkommen will.

Auf dem Rückweg folgt man der Höhenstraße in Richtung Mikro Chorio. Dort beginnt ein Monopati ca. 180 m hinter einem Schrein auf der rechten Seite der Betonstraße und führt unter Umgehung der Serpentinen nach Livadia.

## Wanderung 9:

## Von Megalo Chorio zur Ritterburg

Dauer: 1 – 1,5 Stunden

**Beschreibung der Wanderung:**

Diese kurze Wanderung ist steil und auf der Südseite des Hausbergs von Megalo Chorio der Sonne ausgesetzt. Der Monopati ist zum Teil in schlechtem Zustand und stark zugewachsen, im oberen Abschnitt aber mit Steinmännchen markiert.

Man orientiert sich am besten an Bodenlampen, die vor wenigen Jahren installiert, auch nachts den Pfad begehbar machten. Leider sind viele der Lampen heute nicht mehr funktionsfähig, sodass der Weg – wenn überhaupt – nur noch teilweise beleuchtet ist. Auf dem Rückweg über den selben Pfad fällt die Orientierung leichter, da man von oben einen besseren Überblick hat.

**Wegverlauf:**

Am nordöstlichen Ausgang von Megalo Chorio folgt man dem Hinweisschild zum Kastell auf einer steil bergauf führenden Betonstraße. Gleich hinter einem Ziegenzaun gabelt sich der Weg: nach rechts geht es zur Bucht von Skafi und links zum Kastell. Kurz nach einem alten Pistazienbaum biegt der Pfad nochmals nach links ab und verläuft dann parallel zur Rückseite des öffentlichen Wasserreservoirs. Der Monopati ist steil und schweißtreibend und die zugewachsenen Bodenlampen sind bisweilen nur schwer zu finden.

Die Mühen des Aufstiegs belohnt jedoch sowohl ein faszinierender Rundblick als auch das Kastell selbst; es ist das größte und besterhaltene der sieben mittelalterlichen Kastelle von Tilos.

Mehr Informationen zum Kastell siehe S. 58/59.

## Wanderung 10:

## Rundwanderung im südöstlichen Inselteil

Dauer: 6 – 7 Stunden

### Beschreibung der Wanderung:

Diese Strecke ist vor allem landschaftlich lohnend, da sie eine Küstenwanderung mit einer Bergwanderung verbindet und traumhafte Ausblicke bietet. Unterwegs erhält man einen umfassenden Eindruck von dem kleinräumigen, abwechslungsreichen Charakter der Insel und hat zudem gute Möglichkeiten zur Vogelbeobachtung.

Insbesondere in ihrem zweiten Abschnitt ist die Tour anstrengend und schweißtreibend, da man einen Bergsattel erreichen muss und in diesem Abschnitt auch der Eselspfad stellenweise nicht mehr gut erhalten ist. Jedoch bieten Steinmännchen hier wie während der gesamten Strecke gute Orientierung. Auf dem Bergsattel angekommen, bleibt man im Wesentlichen auf der erreichten Höhe oder es geht bergab.

Die Wanderung erfolgt auf Eselspfaden und unbefestigten Straßen, die nirgends unterbrochen und, obwohl teilweise zugewachsen, gut begehbar sind. Wegen der in der Ägäis häufigen starken Winde ist auf dieser Tour entsprechend geeignete Kleidung angebracht.

Bild: A. Spangenberg

Agios Ioannis.

**Wegverlauf:**

Man wandert zunächst auf der mit Tamarisken bestandenen Küstenpromenade entlang der Bucht von Livadia in südöstlicher Richtung. Hinter „Faros Restaurant" am alten Hafen erreicht man nach einem kurzen Aufstieg das Kirchlein Agios Ioannis. Hier beginnt der Monopati, der oberhalb der Ostküste langsam ansteigend an Höhe gewinnt – das blaue Meer und den 494 m hohen Koutsoumbas stets vor Augen (Einstieg wie Wanderung 2).

Nach einem kurzen steilen Anstieg in Serpentinen öffnet sich bald ein fruchtbares Tal. Hier verlässt man den Hauptweg, der weiter nach Gera und schließlich auf den Koutsoumbas führt (Wanderung 2) und folgt einem Pfad, der kurz vor dem Scheitelpunkt der Kurve leicht rechts über eine Terrasse in das Tal führt. Hier bilden mächtige Legesteinmauern Terrassen, auf denen Mandel-, Feigen-, Johannisbrot- und Birnbäume wachsen, die von der früheren intensiven Nutzung sowie vom Wasserreichtum dieses Tales zeugen.

Bei einer quer zum Tal verlaufenden Legesteinmauer angekommen, folgt man dieser zunächst an deren linker Seite steil bergauf. Im weiteren Verlauf geben Steinmännchen die Orientierung. An einer weiteren Terrassenmauer folgt man auch dieser wieder steil bergan bis unterhalb einer Felswand. Hier endet der mühsame Anstieg und der Pfad ist wieder deutlich erkennbar.

Der weite Ausblick auf das Meer und die im Hintergrund schemenhaft auftauchende türkische Küste belohnen für die Mühe des Aufstiegs.

Bild: A. Spangenberg

Der Blick vom mittleren Sattel des Koutsoumbas.

Bald nachdem man auf der rechten Seite des Pfades eine Höhle passiert hat, erreicht man über eine Erdstraße den Bergsattel.

Der Blick auf die Westseite der Insel zeigt auch hier die Spuren einer Streusiedlung (Pano Meri). Die frühere landwirtschaftliche Nutzung ist inzwischen einer intensiven Beweidung mit Kleinvieh gewichen. Manche Büsche haben dadurch derart skurrile Formen erhalten, dass sie an mittelalterliche Festungen erinnern. Kleine Vogelarten finden darin ein sicheres Versteck vor Fressfeinden.

Im Hintergrund im Westen liegt auf der Spitze einer Landzunge die neue mit EU-Mitteln finanzierte Mülldeponie, zu der eigens von Livadia aus eine Straße gebaut wurde - zu schade um diesen wunderschönen Ort, den die alten Griechen sicherlich eher mit einem Tempel zu Ehren einer Gottheit geziert hätten.

Auf der erreichten Höhe geht es nun rechts in nördlicher Richtung gemütlich und ohne große Höhenunterschiede zum zweiten Bergsattel der Wanderung weiter.

Dabei begleiten schwarzweiße, auffällige Mittelmeer-Steinschmätzer (Oenanthe hispanica), die sich die Reste alter Gemäuer als Brutnischen ausgesucht haben, den Wanderer.

Nachdem man den zweiten Sattel erreicht hat, beginnt der Abstieg. Es lohnt sich aber, zuvor eine längere Pause einzulegen, denn der Rundblick von hier - und noch schöner von den Hausruinen aus, die man geradeaus nach ca. 200 m erreicht - ist unbeschreiblich schön. Der Blick schweift über die Bucht von Livadia mit vorgelagerten Felsinseln, das Kastell Agriosikias auf der gegenüberliegenden Bergseite und das Kloster Panagia Politissa im Talkessel. Im Hintergrund sind die Ruinen von Mikro Chorio sowie der Profitis Ilias zu erkennen.

In dieser Gegend lassen sich des Öfteren die seltenen Habichtsadler beobachten. Es ist ein unvergessliches Erlebnis zu sehen, wie diese Großvögel ohne Flügelschlag in den Aufwinden mühelos an Höhe gewinnen, um dann pfeilschnell mit angelegten Flügeln im nächsten Tal zu verschwinden.

Kurz vor dem Erreichen der Asphaltstraße zweigt rechter Hand der Monopati ab, der zwar zugewachsen ist, dessen Verlauf aber an seiner Einfassung noch gut zu erkennen ist und der am Beginn der Serpentinen auf eine unbefestigte Straße mündet.

Wer es bequemer haben will, folgt der Asphaltstraße oberhalb des Monopati bis zum Hinweisschild nach Livadia und folgt dann der Erdstraße, begleitet von dem beeindruckenden Panorama, weiter ins Tal.

Bild: A. Spangenberg

## Wanderung 11:

## Zur Bucht von Agios Sergios im unbesiedelten Süden der Insel

## Dauer: 2,5 - 3 Stunden

### Beschreibung der Wanderung:

Zwar beginnt der Pfad unschön an einer Müllkippe. Trotzdem lohnt die Tour - unter anderem auch, weil man auf diesem Wege eine abgelegene, stille Bucht zum Baden erreicht. Die Wanderung ist steil, erfordert Kondition und wegen der kleinen, losen Steine Trittsicherheit, wobei die starke Sonnen einstrahlung am Südhang den Auf- und Abstieg zusätzlich erschwert.

Orientierung bieten auf der ganzen Strecke Steinmännchen, die jedoch leider auch hier bisweilen von Ziegen zerstört werden.

Bild: Scherf

### Wegverlauf:

Nach ca. 9 km auf der Asphaltstraße von Mikro Chorio in Richtung Chita beginnt die Wanderung nicht (!) am Hinweisschild nach Gera und Agios Sergios, sondern erst kurz danach hinter einem Felseinschnitt, der in Sichtweite der mit EU-Mitteln geförderten Mülldeponie liegt.

Zum Einstieg orientiert man sich an einem roten Punkt auf einem großen Stein. Den allmählichen Aufstieg zu einem Bergsattel begleitet der Gesang der seltenen Grauortolane. Die finkenähnlichen Vögel lieben offenes Gelände, in dem das Gestein zwischen den niedrigen Büschen der Phrygana zutage tritt. Hier halten sie sich vorwiegend am Erdboden auf, wo sie nach Insekten und Samen suchen.

Vom Sattel aus eröffnet sich dem Wanderer ein grandioser Blick auf die von steilen Felsen eingerahmte Bucht von Agios Sergios und bei klarer Sicht auch auf die benachbarten Inseln Antitilos, Chalki und Rhodos, sowie - weit im Süden - Karpathos.

Der steile Pfad verläuft zunächst geradlinig bergab und wendet sich dann halblinks dem Tal zu, wo Reste einer ehemaligen Besiedlung zu erkennen sind. Zahlreiche Oleanderbüsche weisen auf Feuchtigkeit im Boden hin. Schließlich erreicht man das Ziel der Wanderung: die Bucht von Agios Sergios.

Mit einer Rast unter schattenspendenden Tamarisken und einem erfrischenden Bad im Meer ist man wieder gerüstet für die Herausforderung des Rückwegs, der auf dem selben Weg erfolgt.

Bild: Scherf

In der Bucht von Agios Sergios.

## Naturkundliche Wanderung 1:

### Rundweg oberhalb der Bucht von Livadia

### Dauer: 1,5 - 2 Stunden

**Hinweis:**
*Insbesondere am Anfang des Weges haben in den letzten Jahren verschiedene Baumaßnahmen stattgefunden, die jedoch zum Teil eingestellt wurden. Falls diese weitergeführt werden, kann es sein, dass der Weg in der oben beschriebenen Form nicht mehr begehbar ist. Zudem hat der Weg insbesondere im ersten Abschnitt an Schönheit verloren.*

### Beschreibung der Wanderung:

Dieser kurze Spaziergang führt über einen zauberhaften Rundweg oberhalb der weiten Bucht von Livadia und eignet sich hervorragend zur Einstimmung auf die Schönheit der Insel. Wer gerne etwas weiter gehen möchte, kann noch die Kapelle Agia Anna besuchen und so den weiten Ausblick auf den Profitis Ilias, den mit 654 m höchsten Berg der Insel, genießen. Beide Varianten geben gute Gelegenheit zur Vogelbeobachtung und, wegen der Vielfalt krautiger Pflanzen am Wegrand, zum Botanisieren.

Der Spaziergang beginnt zentral an der Hauptkirche Agios Nikolaos, wo sich auch das Büro der Tilos Park Association befindet. Wenn das Büro geöffnet ist, lohnt sich ein Besuch: Hier kann man im Gespräch mit den Mitarbeitern und anhand der Ausstellungstafeln die Besonderheiten der Insel kennenlernen.

Bild: K. Grund

Das Büro der Tilos Park Associaton in Livadia.

**Wegverlauf:**

Man folgt der Asphaltstraße, die von der Kirche Agios Nikolaos zum Hotel „Tilos Mare" führt. Die Straße führt rechts bergauf. Hinter den letzten Häusern verläuft die Asphaltstraße noch ca. 100 m nach links, dann geht sie in eine breite Erdstraße über, die nun weiter leicht bergauf durch aufgelassene Terrassen ansteigt. Der Blick schweift über die wunderschöne Bucht von Livadia, deren niedrige Häuser sich harmonisch in die Landschaft einfügen. An feuchten, schattigen Stellen wächst großflächig das weißblühende Persische Alpenveilchen, das die Stammform unserer Kulturformen ist. Die blauviolette Schopfige Traubenhyazinthe (Muscari comosum) gehört ebenfalls zu den Frühblühern. Ihre Blütenstände bestehen aus einem Schopf steriler Schaublüten mit den darunter liegenden echten Blüten, die unscheinbar und blassbraun sind. Sie werden vor allem von verschiedenen Bienenarten bestäubt.

Bild: W. Kaufmann

Schopfige Traubenhyazinthe (Muscari comosum).

Auffällig sind auch die kräftigen, blauvioletten Blütenstände der Ästigen Sommerwurz (Orobanche ramosa). Sommerwurzgewächse (Orobanchaceae) sind Parasiten. Sie haben keine grünen Blätter und daher auch kein Chlorophyll, um selber Photosynthese zu betreiben. So sind sie für ihre Versorgung auf die Bereitstellung von Kohlenhydraten durch bestimmte Wirtspflanzen angewiesen, in die sie mit ihren Wurzeln eindringen.

Wo der Weg wieder abwärts verläuft, bietet sich die Möglichkeit, linker Hand die Spitze einer Felsenzunge zu erreichen, wobei man den Pfad zwischen den Felsbrocken suchen muss. Hier hat seit mykenischer Zeit ein Kastell gestanden, an dessen Stelle heute noch ein Rundturm aus der hellenistischen Epoche an seinen großen Quadern zu erkennen ist.

Bild: A. Spangenberg

Hier öffnet sich der Blick auf die Küstenebene aus der Vogelperspektive. An die früher ausgeprägte landwirtschaftliche Nutzung der Insel erinnern heute nur noch die ausgedehnten, aufgelassenen Terrassen, die sich bis zu den Berggipfeln der Umgebung erstrecken. Das dafür benötigte Steinmaterial entnahm die damalige Bevölkerung zum Teil auch aus den Kastellen, was ebenso wie die zahlreichen Erdbeben auf Tilos zu deren Zerstörung beitrug.

Zur Fortsetzung des Spaziergangs nimmt man an einer Weggabelung den linken Weg, auf dem man bald eine T-förmige Gabelung an einem trockenen Bachbett erreicht, geht dann links am Friedhof vorbei und gelangt so zum Ausgangspunkt der Wanderung zurück.

Alternativ bietet sich die Möglichkeit, den Spaziergang mit einem Besuch der Kapelle Ag. Anna zu verbinden. Dazu überquert man das trockene Bachbett auf seine rechte Seite, folgt ein kurzes Stück der Asphaltstraße und biegt dann rechts auf eine steil bergan führende, seit kurzem befestigte Straße ab.

Der Weg führt durch ein Steineichenwäldchen (Quercus ilex), dessen gedrungene, strauchförmige Wuchsform beispielhaft für eine Sekundärvegetation ist, die im Laufe der Jahrhunderte durch anthropogene Einflüsse wie Feuer, Rodung und Beweidung entstanden ist (s. Phrygana).

Die Kapelle Ag. Anna stammt aus dem 13. Jahrhundert und wurde 2004 mit privaten Mitteln geschmackvoll restauriert, wodurch Freskenreste vor dem weiteren Verfall bewahrt werden konnten. Die Restaurierung des kunstvollen Fußbodens erfolgte mit dem traditionellen Kieselsteinmosaik (Kochlaki). Fast in Vergessenheit geraten, ist diese uralte Fertigungstechnik auf den Dodekanes-Inseln inzwischen wieder gefragt.

Der Rückweg erfolgt am bequemsten auf dem selben Weg, da ein Abstieg von der Kapelle zum Kastell trotz der Markierung durch Steinmännchen wegen verschiedener nachträglich aufgestellter Zäune leider nicht möglich ist.

Die Rundwanderung oberhalb der Bucht von Livadia ist auch aus ornithologischer Sicht ein besonderes Erlebnis, denn von Juli bis September versammeln sich hier jeden Nachmittag zahlreiche Eleonorenfalken in Jagdgemeinschaften am Himmel. Es ist faszinierend zu beobachten, wie sie in großen Gruppen in der Thermik kreisen, dann im Sturzflug an den Berghängen hinabschießen und große Insekten jagen, die sie mit vorgestreckten Beinen festhalten und im Flug fressen. Ihre ständig achterbahnartig wechselnden Flugbewegungen geben den Anstrengungen der allgegenwärtigen Nebelkrähen, die sie zu verjagen suchen, keine Chance auf dauerhaften Erfolg.

## Naturkundliche Wanderung 2:

### Von Megalo Chorio nach Agios Antonios

### Dauer: 1,5 Stunden

**Beschreibung der Wanderung:**

Der Spaziergang nach Agios Antonios ist hervorragend geeignet zur Bestimmung der Mittelmeervegetation, die sich in Hülle und Fülle entlang des Weges findet.

Von der Bushaltestelle in Megalo Chorio geht man entweder nach links zum Restaurant „Castro" und folgt linker Hand den Treppenstufen, oder man benutzt den Aufgang zwischen Museum und Gemeindeamt. Bei nächster Gelegenheit biegt man links ab, der Gasse zum restaurierten, von einer Zypresse beschirmten Kirchlein „Halati Eklisia Panagia" folgend. Der Monopati beginnt hier am südwestlichen Ortsausgang (linker Hand) oberhalb des Ortes und endet neben der Taverne „Dolphin" in Agios Antonios.

**Wegverlauf:**

Der Monopati führt zunächst am Berghang entlang. Von hier aus öffnet sich ein weiter Blick auf die Bucht von Eristos, die im Westen vom Gebirgsstock des Profitis Ilias und im Süden vom Amali-Massiv begrenzt wird. Im Nordwesten sieht man die Plaka-Bucht mit ihrem Kiesstrand, wo sich gute Bademöglichkeiten bieten.

An einer Aussichtsbank lohnt sich auch der Blick auf den Boden, denn hier finden sich in unmittelbarer Nähe viele für Tilos typische Pflanzen. Besonders ins Auge fallen die vielen Büsche des blauviolett blühenden Griechischen Salbei, auch Dreilappiger Salbei genannt, und des auffällig zitronengelb blühenden Strauchigen Brandkrautes (Phlomis fruticosa).

Strauchiges Brandkraut (Phlomis fruticosa).

Bild: K. Grund

Diese bis 1,5 m hohen, kalkliebenden Sträucher aus der Familie der Lippenblütler werden von großen Insekten, wie z.B. Hummeln oder Holzbienen, bestäubt. Um an den Nektar in der Blüte heranzukommen, betätigen sie einen Hebelmechanismus, der ihnen einen Pollenstempel aufdrückt. Durch den Besuch weiterer Blüten der gleichen Art ist so die Bestäubung gesichert.

Hier wie auch an anderen Stellen auf der Insel dominieren Salbei und Brandkraut die Vegetation - ein klares Zeichen für die Überweidung durch die allgegenwärtigen Ziegen, welche beide Arten aufgrund ihres Gehaltes an ätherischen Ölen verschmähen. Ebenfalls von den Ziegen gemieden werden die bis zu zwei Meter hohen baumförmigen Kugelbüsche der Baumartigen Wolfsmilch (s. Wanderung 2).

Die Ziegen verursachen große Schäden an den Trockenmauern; die herabfallenden Steine erschweren stellenweise das Gehen auf dem Monopati. Um die Schäden durch Ziegen (vor allem den Verbiss) zu begrenzen, werden auf Tilos heutzutage große Flächen eingezäunt, die der Wanderer aber durchqueren darf. Dadurch wiederum erhöht sich jedoch die Anzahl der Ziegen auf den nicht eingezäunten Flächen und somit auch der Fraßdruck ebenso wie die Nährstoffzufuhr auf die dort vorhandene Vegetation – eine ernste Bedrohung vor allem für sensible Pflanzen wie z. B. Orchideen.

Am Fuße der Legesteinmauern wächst die Aleppo-Weinraute (Ruta chalepensis). Dieser bis zu 50 cm hohe, etwas streng riechende Strauch hat graugrüne, doppelt gefiederte Blätter, die früher zur Haltbarmachung des Weins dienten. Eine verwandte Art findet man auch in den südlichen Weinbaugebieten nördlich der Alpen.

Baumartige Wolfsmilch (Euphorbia dendroides).

Bild: K. Grund

Flächendeckend breitet die geruchlose Hundskamille (Anthemis chia), die im östlichen Mittelmeer mit vielen Arten vertreten ist, von Februar bis Mai ihre leuchtend weißen Blütenteppiche aus. Auch die rosablütige Pyramidenorchis mit den namensgebenden pyramidenförmigen Blütenständen kann man während dieses Spazierganges entdecken. Sie steht bisweilen in Gruppen oder einzeln zwischen den dornigen Sträuchern der Phrygana, die sie vor Ziegenverbiss schützen.

Bild: K. Grund

Pyramidenorchis (Anacamptis pyramidalis).

Der Spaziergang endet an einem großen Anwesen oberhalb von Agios Antonios. In dem Ort besteht in den Sommermonaten die Möglichkeit, in einer der Tavernen einzukehren.

Der Rückweg erfolgt auf demselben Weg.

## Naturkundliche Wanderung 3:

Ein Spaziergang in der Küstenebene von Eristos

Dauer: 1,5 - 2 Stunden

### Beschreibung der Wanderung:

Dieser wunderschöne Spaziergang bietet botanisch interessierten Wanderern einen idealen Einstieg in die Vielfalt der mediterranen Pflanzenwelt und begeistert mit der für die Insel typischen Farbenfülle.

Der Rundweg an sich dauert etwa eine Stunde (reine Gehzeit), sollte aber auf den Strand von Eristos ausgedehnt werden, da dieser Lebensraum weitere botanische Kostbarkeiten offenbart. Darüber hinaus bietet Eristos Bademöglichkeiten mit grobem Sandstrand und Restaurants mit bodenständiger Küche. Außerhalb der Saison werden auf Nachfrage im Restaurant En Plo auch Fahrdienstleistungen angeboten.

### Wegverlauf:

Man folgt der Hauptstraße von Megalo Chorio in Richtung Ag. Antonios. Eine Besichtigung des Klosterguts (gr. Metochi) Mariä Geburt in der Nähe des Friedhofs von Megalo lohnt sich in jedem Fall, da die Kirche, noch vor wenigen Jahren als Kaserne missbraucht, wieder restauriert ist. Die Zellen sollen künftig komfortable Übernachtungsmöglichkeiten bieten.

An der Straßengabelung mit dem Hinweisschild „Eristos - Agios Antonios" folgt man rechter Hand ca. 130 m der Straße in Richtung Agios Antonios. Dann zweigt links ein Feldweg an einem Telegrafenmast ab, wobei mannshohe rosablühende Baummalven (Lavatera arborea), auch Strauchpappeln genannt einen Vorgeschmack auf die bevorstehenden botanischen Schönheiten geben.

Bild: K. Grund

Baummalve (Lavatera arborea).

Bild: A. Spangenberg

Natternkopf (Echium plantagineum).

An der nächsten Weggabelung hält man sich links. Dieser Feldweg ist von Trockenmauern begrenzt, die einer Vielfalt von Pflanzenarten mit großer Formen- und Farbenfülle einen geeigneten Lebensraum bieten. Hier vermischen sich Pflanzen verschiedener Pflanzengesellschaften wie zum Beispiel Wegrainpflanzen, Ödlandpflanzen und Ruderalpflanzen.

Blau- und rotblühender Natternkopf (Echium plantagineum, Echium angustifolium) – beides typische Wegrainpflanzen - fallen mit behaarten Stängeln und Blättern auf, deren Haare das Sonnenlicht reflektieren. Sie zählen zu den Raublattgewächsen (Boraginaceae) und sind mit dem blaublühenden Borretsch (Borago officinalis) verwandt, einem Küchenkraut, das in Salaten Verwendung findet und eine vorzügliche Bienenweide darstellt.

Weißfilzig-wollige Halbsträucher der Griechischen Steinimmortelle (Phagnalon graecum) und der Mittelmeer-Strohblume (Helichrysum stoechas), auch Gewöhnliches Sonnengold genannt, mischen sich dazwischen und werden, da ihre Blütenkörbe beim Trocknen die Farbe nicht verlieren, als Strohblumen geschätzt. Beide Halbsträucher ähneln sich im Aussehen, wobei die Mittelmeer-Strohblume wegen ihrer gelben Hüllblätter leuchtendere Blütenstände besitzt und beim Zerreiben einen curryartigen Geruch verbreitet.

Bild: A. Spangenberg

Mittelmeer-Strohblume (Helichrysum stoechas).

In den Fugen der Legesteinmauern wachsen merkwürdige Pflanzen mit fleischigen, schildförmigen, gewelltrandigen Grundblättern. Dabei handelt es sich um den Waagerechten Venusnabel (Umbilicus horizontalis). Die nabelartigen Vertiefungen in der Blattmitte, in denen die Blattstiele entspringen, waren namensgebend. Die Pflanze zählt zu den Dickblattgewächsen (Crassulaceae) und kann wegen der in ihrem wasserspeichernden Gewebe enthaltenen Pflanzenschleime die Trockenheit des Sommers problemlos überstehen. Als sogenannte CAM-Pflanze mit einer besonderen Form der Photosynthese öffnet sie nur nachts ihre Spaltöffnungen zur $CO_2$-Gewinnung. So schützt sich die Pflanze vor Wasserverlust durch Verdunstung. Charakteristisch sind auch die 10 bis 50 cm hohen Stängel, deren unscheinbare, kleine, abstehenden Blüten eine Traube bilden.

Waagerechter Venusnabel (Umbilicus horizontalis).

Bild: A. Spangenberg

Am Mauerfuß bildet die graufilzige Napf-Schwarznessel (Ballotta acetabulosa), ein Lippenblütler (Lamiaceae), dichte Bestände. Ihre tellerförmigen Blütenkelche wurden früher in Öllampen als Kerzendocht verwendet, indem der emporragende „Stiel", der das Öl ansaugte, angezündet wurde.

Der Weg verläuft nun leicht oberhalb der Ebene und gibt den Blick für die Struktur der Landschaft frei. Anstelle von Monokulturen, deren Flächen mit Pestizideinsatz gepflegt werden, vermitteln hier locker verteilte Bäume den Eindruck einer Parklandschaft. Die mit Legesteinmauern begrenzten Felder sind entweder aufgelassen oder werden extensiv genutzt. Vor allem der Blütenteppich im Frühjahr unter den Olivenbäumen lässt das Herz jedes Wanderers höher schlagen und bietet eine nicht enden wollende Fülle an Fotomotiven.

Maisacker mit Mohn und Wucherblume.

Bild: A. Spangenberg

Roter Klatschmohn (Papaver rhoeas) sowie Saat- und Kronen-Wucherblumen (Chrysanthemum segetum/coronarium) mit gelben oder weißen Zungenblüten leuchten flächendeckend. Dazwischen fällt die gewellte Ochsenzunge (Anchusa undulata) aus der Familie der Raublattgewächse (Boraginaceae) mit ihren dunkelblauen Blüten auf. Abgerundet wird das Bild durch die filigranen, goldfarbenen Fruchtstände des Roten Bocksbarts (Tragopogon porrifolius), die an verblühten Löwenzahn erinnern.

An einem eingezäunten Gelände biegt der Rundweg scharf links ab. Kurz danach erreicht man eine Müllkippe und biegt dort rechts ab, um an den Strand von Eristos zu gelangen. Folgt man dem Rundweg geradeaus durch fruchtbares Kulturland, wird die Fahrstraße nach Eristos und so der Ausgangsort der Wanderung erreicht. Auf diesem Abschnitt findet man Stechendes Sternauge (Pallensis spinosa) und Echten Schlupfsamen (Crupina crupinastrum).

Bild: A. Spangenberg

Echter Schlupfsamen (Crupina crupinastrum).

Bild: K. Grund

Stechendes Sternauge (Pallensis spinosa).

Beide Pflanzenarten gehören zur Familie der Korbblütler (Asteraceae), unterscheiden sich jedoch wesentlich voneinander. Die bis 25 mm großen leuchtend gelben Blütenkörbe des Stechenden Sternauges besitzen Zungen- und Röhrenblüten und werden von einem Ring langer, stechender Hüllblätter umgeben. Die purpurnen Blütenkörbe des Echten Schlupfsamens dagegen sind weniger auffällig. Sie bestehen nur aus Röhrenblüten und werden von langen, kahlen Stängeln getragen.

Der Weg zum Strand von Eristos ist aber auch überaus lohnend. Hier gibt es kaum störende Bauwerke und der Touristenstrom fällt nur im Sommer, wenn die Vegetation bereits verblüht ist, in die Bucht ein.

Der Strand ist mit hohen, salztoleranten Tamarisken (Tamarix africana) bewachsen, in deren Umgebung wunderschöne Strandlevkojen (Matthiola sinuata) blühen. Auch der Europäische Meersenf (Cakile maritima) ist salztolerant und wächst dicht am Wasser. Seine fleischigen Blätter unterscheiden ihn von den Strandlevkojen, denen er in Blütenfarbe und Wuchsform ähnelt, gehören doch beide Arten zu der Familie der Kreuzblütler.

An sonnenexponierten Stellen blüht als weitere botanische Rarität der bis 50 cm hohe Gelbe Hornmohn (Glaucium flavum), der an vielfach verzweigten Stängeln fleischige, gebuchtete Blätter aufweist. Ein botanischer Zwerg dagegen ist die zarte Kretische Malve (Malva cretica), deren Blütenkelch zusätzlich von schmal linealen Außenkelchblättern umgeben ist - ein für die verschiedenen Arten der Malvengewächse wichtiges Unterscheidungsmerkmal.

Rubia peregrina, die sog. Färberröte, eigentlich eine kletternde Pflanze mit ledrigen Blättern in Blattquirlen, bildet im Sand kräftige rote Wurzelstöcke, die von den Einheimischen gesammelt und zusammen mit Kerzenwachs gekocht werden. Der fettlösliche Farbstoff bewirkt dann eine hübsche rote Färbung der Kerzen.

Eine botanische Schönheit ist die große Dünen-Trichternarzisse (Pancratium maritimum), die im Altertum als Vorlage für viele Fresken und Einlegearbeiten diente. Sie blüht im Sommer mit 3 bis 15 auffallend großen weißen Blüten.

Am Strand von Eristos ist sie Bestandteil der natürlichen Dünenvegetation und kommt hier noch häufig vor. Wie alle Stranddünenarten ist aber auch diese Pflanze im Bestand gefährdet.

Bild: G. Sachse

Dünen-Trichternarzisse (Pancratium maritimum),

Es bleibt zu hoffen, dass künftige touristische Entwicklungen auf die Naturschönheiten des Strandes von Eristos Rücksicht nehmen und dieser einmalige Naturschatz auch für kommende Generationen erhalten bleibt.

Bild: K. Grund

Am Strand von Eristos.

## Naturkundliche Wanderung 4:

## Durch das Inselinnere von Livadia nach Megalo Chorio

## Dauer: 2 bis 3 Stunden

### Beschreibung der Wanderung:

Diese Wanderung ist leicht und besonders geeignet zur Naturbeobachtung. Sie führt durch ein trockenes, bewachsenes Bachbett im mittleren, dünn besiedelten und höher gelegenen Inselteil, dem Landschaftstyp der Messaria (s. Bemerkungen zur Messaria, S. 73 f.). Die Tour führt durch eine savannenähnliche Landschaft aus alten, kleinwüchsigen Eichen und Terebinthen, ein ornithologisches Eldorado mit der Möglichkeit, verschiedene Vogelarten sowie Heil- und Gewürzkräuter kennenzulernen.

Leider müssen der erste und der letzte Streckenabschnitt auf der Straße, die von Livadia nach Megalo Chorio führt, zurückgelegt werden, bevor der Einstieg in das Bachbett möglich ist. Da die Straße jedoch nur wenig befahren ist, wirkt der Verkehr kaum störend.

Der Weg endet in Megalo Chorio.

Bild: K. Grund

Bienenfresserlebensraum Messaria.

**Wegverlauf:**

Der Monopati beginnt am nordöstlichen Ende von Livadia. Den Einstieg markieren ein Johannisbrotbaum und ein roter Punkt rechter Hand der Serpentinen. Unter Umgehung der Serpentinen erreicht man schnell die Einsattelung und folgt dann der Straße (Hauptverbindung zwischen Livadia und Megalo Chorio) durch das Brachland der Messaria.

Nach den Steinbrüchen, die auf der rechten Straßenseite liegen, beginnt links der Einstieg in das ausgetrocknete Bachbett, wo ein Wasserdurchlass unter der Straße in eine feinsandige Spülrinne mündet.

Das Bachbett ist zunächst mit schattenspendenden, laubabwerfenden Walloneneichen bewachsen. Ihre lang beschuppten, breiten Fruchtbecher sind unverwechselbar und eignen sich aufgrund ihrer Größe als Kerzenhalter.

Verschiedene Vogelarten kündigen den Wanderer schon von weitem mit ihren Warnrufen an. Besonders auffällig sind die zahlreichen Grau- und Trauerschnäpper (Muscicapa striata, Ficedula hypoleuca), denen die verstreut stehenden Eichen als Ansitz zum Insektenfang dienen. Kurze, spontane Fangflüge sind typisch für diese Ansitzjäger. Nach Beendigung des Fluges landen sie wieder auf der Warte. Ungewöhnlich hoch ist die Individuendichte dieser Arten, was offensichtlich mit dem Insektenreichtum des unbesiedelten, naturbelassenen Geländes zusammenhängt. Bisweilen rufen auch Pirole (Oriolus oriolus) im dichten Laubwerk. Die Männchen tragen ein leuchtend gelbschwarzes Prachtgefieder, während die Weibchen mit gelblich-grünem Federkleid weniger auffällig sind. Gerade diese Vogelart bevorzugt die Ägäis auf dem Durchzug. Tilos bildet dabei einen wichtigen ökologischen Trittstein, wo sie ungestört Nahrung und Kraft für den Weiterflug in die Überwinterungsquartiere südlich der Sahara oder zurück in die Brutgebiete Mitteleuropas gewinnen können.

Je weiter man dem Verlauf der Erosionsschlucht folgt, desto abwechslungsreicher wird auch die Vegetation. Waren es zu Beginn der Wanderung vor allem Walloneneichen, Oleander und Herbst-Seidelbast, so kommen später verschiedene Zwerg- und Halbsträucher mit würzigem Aroma hinzu.

Neben Griechischem Salbei, Kopfigem Thymian und Wildem Majoran fällt vor allem ein Strauch ins Auge, dessen Blätter und Duft zwar an Thymian erinnern, der aber nur zu seiner Verwandtschaft gezählt wird: die Thymbra-Bergminze (Satureja thymbra). Sie hat auffallende 10 bis 40 cm hohe Blütenstände, deren zahlreiche rosa Blüten in Blütenquirlen angeordnet sind.

Die steilen roten Sedimentwände der Erosionsschlucht, die in die Ebene von Eristos münden, geben eine wildromantische Kulisse ab. Hier ist das Bachbett ausbetoniert, um als Regenwasserrinne für ein Wasserreservoir zu dienen. Danach erreicht man eine betonierte Straße, die linker Hand zur Elefantenhöhle führt und geradeaus auf die Hauptstraße trifft, die Livadia mit Megalo Chorio verbindet.

Bild: D. Nill

Pirole (Oriolus oriolus).

## Hilfreiche Links im Internet

**http://www.tilos-greece.com/**
Webseite mit umfassenden Hintergrundinformationen und einigen Reisetipps zu Tilos, die von einem deutschen Ehepaar betrieben wird, das vor mehr als 25 Jahren das erste Mal nach Tilos kam und inzwischen große Teile des Jahres auf der Insel verbringt. Viele der in dem Reiseführer zusammengestellten Informationen zur Geschichte von Tilos stammen von der Webseite und aus persönlichen Gesprächen mit dem Ehepaar Scherf.

**http://www.tilo-botanica.eu/Tilo_Botanica/Bienvenue_sur_Tilo-Botanica.html**
Webseite zur Flora von Tilos mit zahlreichen Fotos und Beschreibungen aller bisher auf Tilos gefundenen Pflanzen. Die Seite wurde 2008 von zwei französischen Hobby-Botanikern erstellt. Die Informationen sind auf Französisch und Englisch verfügbar und werden regelmäßig erneuert. Eine wertvolle Seite, um sich vor einer Reise über die Pflanzenvielfalt auf Tilos zu informieren.

**Offizielle Homepage der Tilos Park Association mit Informationen zur Entstehung und Arbeit der Organisation:**
www.tilos-park.org.gr

**Informationen zu Unterkünften auf Tilos (in englischer Sprache):**
http://www.tilos-greece-hotels.com/index.php
http://www.tilostravel.co.uk/

**Fähre-Fahrplan (von und nach Tilos):**
http://www.tilos-travel.com/tilos_ferry_schedules.php

**Geführte Wanderungen auf Tilos:**
http://tilostrails.com/index.html (in englischer Sprache)

# Artenverzeichnis

## Pflanzen

## Amphibien



## Reptilien



## Säugetiere

**Schmetterlinge**

## Vögel

# Schlagwortregister

# Ortsverzeichnis

# Literaturverzeichnis


Antonopoulos, Z. (2009): The Bee Orchids of Greece. Mediterraneo Editions, Rethymnon.

Bellmann, H. (2003): Der neue Kosmos-Schmetterlingsführer - Schmetterlinge, Raupen und Futterpflanzen. Franckh-Kosmos Verlag, Stuttgart.

Blamey, M. & C. Grey-Wison (2004): Wild Flowers of the Mediterranean. Marjorie Blamey and Domino Books Ltd.

Broggi, M. (2006): Isolation und Landnutzungswandel und ihre Einflüsse auf die Herpetofauna – dargestellt am Beispiel der Insel Tilos (Dodekanes, Griechenland). Herpetozoa 19 (1-2). Wien.

Burnie, D. (2007): Mediterrane Wildpflanzen. DK Naturbibliothek. Dorling Kindersley Verlag GmbH, München.

Clarke, M. (2007): Notes on the Geology of Tilos (unveröffentlicht).

Delforge, P. (2005): Guide des Orchidées d'Europe, d'Afrique du Nord et du Proche Orient. édition 3. Delachaux et Niestlé, Lausanne, Paris.

Dimalexis A., S. Xirouchakis, D. Portolou, P. Latsoudis, G. Karris, J. Fric, P. Georgiakakis, C. Barboutis, S. Bourdakis, M. Ivovič, T. Kominos & E. Kakalis (2008): The status of Eleonora's Falcon (Falco eleonorae) in Greece. Journal of Ornithology Volume 149. S. 23-30.

Düll, R. & I. Düll (2007): Taschenlexikon der Mittelmeerflora – Ein botanisch-ökologischer Exkursionsbegleiter. Verlag Quelle & Meyer. 1. Auflage.

Graf, D. (2005): Wandern auf Griechischen Inseln. Rhodos, Karpathos, Kos, südlicher Dodekanes. Edition Dieter Graf, München.

Hakan, D. & L. Svensson (2004): Der große Kosmos-Naturführer – Vögel, 3. Aufl., Franckh-Kosmos Verlag, Stuttgart.

Hau, G. & C.-P. Hutter (1997): Nördliche Sporaden - Natur zwischen Inseln und Meer. Naturerbe Verlag Jürgen Resch, Überlingen.

Hau, G. (2002): Ägäis - Nördliche Sporaden. Natur entdecken und erleben. Weitbrecht Verlag.

Haymann, P. & R. Hume (2001): The Complete Guide to the Birdlife of Britain and Europe. Published by Mitchell Beazley.

Hirth, M. & H. Spaeth † (2010): Beitrag zur Orchideenflora der ostägäischen Inseln Chalki, Megisti, Nisyros, Pserimos und Tilos. J. Eur. Orch. 42 (3/4).

Johnson, W.M. (2004): Monk Seals in Post-Classical History. The Role of the Mediterranean Monk Seal (Monachus monachus) in European History and Culture, from the Fall of Rome to the 20th Century. Mededelingen 39. The Netherlands Commission for International Nature Protection. 91 S.

Johnson, W.M & D.M. Lavigne (1999): Monk Seals in Antiquity. The Mediterranean Monk Seal (Monachus monachus) in Ancient History and Literature. Mededelingen 35. The Netherlands Commission for International Nature Protection. 101 S.

Johnson, W.M., A. Karamanlidis, P. Dendrinos, P. Fernández de Larrinoa, M. Gazo, L. M. González, H. Güçlüsoy, R. Pires & M. Schnellmann: Monk Seal Fact Files. Mediterranean Monk Seal (Monachus monachus). monachus-guardian.org. http://www.monachus-guardian.org/factfiles/medit01.htm

Jonsson, L. (1992): Die Vögel Europas und des Mittelmerraumes. Franckh-Kosmos Verlag, Stuttgart.

Kattmann, U. (2007): Sexy Blüten: Bestäuberanlockung, Arttrennung und Artbildung bei Ragwurz-Orchideen. In: Unterricht Biologie, Heft 324.

Kightley, C., Madge, S. & D. Nurney (1999): Taschenführer Vögel. BLV Verlagsgesellschaft mbH, München.

Kollmann, H. (2001): 30 Jahre Grabungen nach Zwergelefanten auf der Insel Tilos. Das Naturhistorische, 7:5, Wien.

Koutelakis, H. M. (Herausgabejahr unbekannt): Tilos. A Complete Tourist Guide in English and Greek with a Summary in German and a Map Included. J & J. Hellas. Athen. 70 S.

Kretzschmar, H. (2008): Die Orchideen Deutschlands und angrenzender Länder finden und bestimmen. Verlag Quelle und Meyer.

Lafranchis, T. & G. Sfikas (2009): Flowers of Greece. DIATHEO, Paris, 2 Bände.

Lehmann, I. (1985): Griechische Inseln 3 – Die Dodekanes. Schroeder Reiseführer. Kurt Schroeder Verlag. Leichlingen bei Köln.

Limbrunner, A., E. Bezzel, K. Richarz & D. Singer (2001): Enzyklopädie der Brutvögel Europas, Band 1 und 2. Franck-Kosmos Verlag, Stuttgart.

Lüthje, E. (1993): Seegras: angepasst und doch gefährdet. In: Unterricht Biologie, Heft 186, S. 39-42.

Papatheodorou, F. & N. Pakgas (2001): Creation of a Natural Park in Tilos for the Rescue and Enrichment of Fauna, Flora and Indigenous as well as Migrating Birds. Municipality of Tilos.

Paulus, H.F. (1997): Signale in der Bestäuberanlockung: Weibchenimitation als Bestäubungsprinzip bei der mediterranen Orchideengattung Ophrys. In: Verh. Zool-Bot. Ges. Österreich 1997, S. 133-176.

Philippou, M. (1980): Gewöhnliche Wildblumen Griechenlands. Johnis Verlag, Athen.

Philippson, A. (1959): Die griechischen Landschaften – Das Ägäische Meer und seine Inseln. Bd. IV. Klostermann, Frankfurt am Main.

Polunin, O. (1971): Pflanzen Europas. BLV Verlag, München.

Rigas Y. & F. Xenogianni (2007): Tilos. See, Discover, Share!. OIKOS Ltd. Athen.

Schönfelder, I. & P. Schönfelder (1999): Die Kosmos-Mittelmeerflora. Franckh-Kosmos Verlag, Stuttgart.

Spangenberg, A. (2009): Mittelmeer-Mönchsrobbe. Gefährdung, Biologie, Schutz. EuroNatur Info 06/2009. EuroNatur, Radolfzell.

EuroNatur dankt allen Unterstützern, welche die Arbeit für den Schutz der Natur auf Tilos möglich gemacht haben:

- allen Spendern, Förderern, Paten und Sponsoren von EuroNatur
- Ludwig-Raue-Gedächtnisstiftung

Bild: A. Spangenberg

Die 1987 gegründete gemeinnützige Stiftung EuroNatur setzt sich grenzübergreifend für die Erhaltung des Europäischen Naturerbes ein. Ihr Markenzeichen sind großflächige Landschaftsschutzprojekte, mit denen die Lebensgrundlagen von wandernden Tierarten wie Zugvögeln, aber auch Großsäugern wie Bär, Wolf und Luchs dauerhaft gesichert werden. Mit umfassender Grundlagenarbeit wird die nötige Datenbasis für die Ausweisung von Schutzgebieten geschaffen. Hierbei wie auch bei der Entwicklung und Realisierung detaillierter Aktionskonzepte kann EuroNatur nicht nur aus eigenem reichem Erfahrungsschatz schöpfen, sondern auch auf die vielseitigen Erfahrungen erprobter Partner aus anderen europäischen Ländern zurückgreifen.

Der großflächige Ansatz der EuroNatur-Projekte bringt es mit sich, dass Fragen einer zukunftsfähigen Landnutzung stets eine entscheidende Rolle spielen. Deshalb legt EuroNatur größten Wert darauf, die Menschen vor Ort frühzeitig in alle Vorhaben mit einzubeziehen und ihre Interessen zu berücksichtigen. Sie müssen erfahren, welche Schätze die sie umgebende Natur enthält, wie verletzlich sie sind und wie man sie schützen kann. Denn nur wenn es gelingt, die einheimische Bevölkerung zu überzeugen und zum Mitmachen zu motivieren, kann ein Projekt langfristig wirken. Nur dann auch können zum Beispiel Vogeljäger dauerhaft abgewehrt und Tourimusaktivitäten in naturverträgliche Bahnen gelenkt werden.

Spenden werden dringend benötigt für die erfolgreiche Arbeit von EuroNatur zur Erhaltung des europäischen Naturerbes. Leisten auch Sie Ihren Beitrag dazu! Auf Wunsch senden wir Ihnen gerne ausführliche Informationen über aktuelle Projektaktivitäten und Unterstützungsmöglichkeiten.

**euronatur**

Konstanzer Str. 22
D-78315 Radolfzell

Fon +49 (0) 7732 / 92 72 0
Fax +49 (0) 7732 / 92 72 22
info@euronatur.org
www.euronatur.org

IBAN: DE42 3702 0500 0008 1820 05
SWIFT/BIC: BFSWDE33

Spendenkonto: 8182005
Bankleitzahl: 370 205 00
Bank für Sozialwirtschaft, Köln

## Notizen

# Adria-Ostküste

## Vögel beobachten und Natur erleben in historischen Landschaften am Mittelmeer

Sommer, Sonne, azurblaues Meer: Die meisten Menschen verbinden mit der östlichen Adriaküste vor allem Strandurlaub. Der EuroNatur-Reiseführer „Adria-Ostküste" zeigt eindrücklich, dass die Region weitaus mehr zu bieten hat - ein Muss für alle Natur- und Vogelfreunde.

Für Natururlauber gab es darüber bisher nur wenige Informationen. Sie waren zudem auf einzelne Länder begrenzt. Diese Lücke schließt der EuroNatur-Reiseführer. Das Buch gibt wertvolle Reisetipps und beschreibt ausführlich die Tier- und Pflanzenwelt sowie die atemberaubenden Landschaften der östlichen Adriaküste.

**Also available in English.**

6 farbige Übersichtskarten - 234 Farbfotos - umfassende Tipps und wichtige reisepraktische Hinweise - fundierte Hintergrundinformationen.

13 x 19 cm, 268 Seiten, 100% Recyclingpapier **24,80 Euro**

**Deutsch: ISBN 978-3-00-033929-5**
**Englisch: ISBN 978-3-00-035952-1**

## Prespa-Ohrid-Seenregion

### Die Wiederentdeckung einer vergessenen Ecke Europas

Sollte es in unserem dicht besiedelten Europa tatsächlich noch eine vergessene Ecke geben? Nun ja, wirklich vergessen ist die geschichtsträchtige und landschaftlich so reizvolle Region auf dem südlichen Balkan, durch die sich die Ländergrenzen zwischen Mazedonien, Albanien und Griechenland hinziehen, zwar nicht. Aber hatten schon die hohen Bergketten und häufigen Stammesfehden in früheren Jahrhunderten das Reisen erschwert, so sorgten politische Verbohrtheit und Misstrauen vollends für strenge Isolation, als verfeindete Staaten lebensgefährliche Barrieren errichteten, um bis in die 1990er Jahre hinein jeglichen Austausch über die Grenzen hinweg zu verhindern. Deshalb wagten lange Zeit auch nur Wenige, die Gegend zu bereisen, noch weniger wurde darüber geschrieben.

Inzwischen aber hat der politische Wandel die Region aus dem Dornröschenschlaf befreit. Die Grenzen sind offen, die Straßen sicher geworden. Begeisternd schöne Landschaften voll reizvoller Gegensätze und kostbarer Naturschätze harren nun der Wiederentdeckung. Der vorliegende Naturreiseführer bietet mit informativen Beschreibungen und ansprechender Bebilderung die Möglichkeit dazu - auch all jenen, die nur in Gedanken reisen möchten. Wer sich aber trotz manchem Mangel an Komfort in dem touristisch noch wenig erschlossenen Gebiet gern selbst auf den Weg machen will, dem ist das Buch im praktischen Taschenformat ein wertvoller und zuverlässiger Begleiter.

10 farbige Übersichtskarten und Diagramme - mehr als 190 Farbfotos - umfassende Tipps für Individualreisende - wichtige reisepraktische Hinweise - fundierte Hintergrundinformationen.

13 x 19 cm, 256 Seiten, 100% Recyclingpapier **24,80 Euro**

**ISBN 978-3-00-027579-1**